利益相关者压力视阈下企业环境信息披露的驱动机制研究

吴蝶 著

吉林大学出版社
·长春·

图书在版编目（CIP）数据

利益相关者压力视阈下企业环境信息披露的驱动机制
研究 / 吴蝶著. -- 长春：吉林大学出版社, 2023.11
　　ISBN 978-7-5768-2315-8

　　Ⅰ.①利… Ⅱ.①吴… Ⅲ.①企业环境管理－信息管
理－研究－中国 Ⅳ.①X322.2

　　中国国家版本馆CIP数据核字(2023)第203316号

书　　　名：利益相关者压力视阈下企业环境信息披露的驱动机制研究
　　　　　　LIYI XIANGGUANZHE YALI SHIYU XIA QIYE HUANJING XINXI PILU DE QUDONG JIZHI YANJIU

作　　　者：吴　蝶
策 划 编 辑：高珊珊
责 任 编 辑：高珊珊
责 任 校 对：周春梅
装 帧 设 计：李　宇
出 版 发 行：吉林大学出版社
社　　　址：长春市人民大街4059号
邮 政 编 码：130021
发 行 电 话：0431-89580028/29/21
网　　　址：http://www.jlup.com.cn
电 子 邮 箱：jldxcbs@sina.com
印　　　刷：河北华商印刷有限公司
开　　　本：787mm×1092mm　　　1/16
印　　　张：11
字　　　数：180千字
版　　　次：2023年11月　第1版
印　　　次：2023年11月　第1次
书　　　号：ISBN 978-7-5768-2315-8
定　　　价：58.00元

前　言

　　在"碳达峰、碳中和"国家战略下,环境信息披露作为企业实现低碳发展的重要途径之一,越来越受到政府、媒体和投资者等利益相关者的重视。环境信息披露既是企业向外界传递环境表现的重要工具,也是政府监控企业污染行为的有效手段,其重要性不言而喻。然而,相关研究表明2019—2021年中国上市公司中仍有七成未实施环境信息披露,且在已经披露的公司中也普遍存在披露内容避重就轻和披露水平两极分化的问题。[1]这些问题不仅直接削弱了环境信息的客观性和实用性,更是对政府部门的环境监管、社会公众的环保诉求和投资者的决策都造成了较大的负面影响。而在利益相关者与环境信息披露的已有研究中,学者们关于企业环境信息披露驱动问题的理论研究大多停留于一般层面的归纳总结;关于公共压力对企业环境信息披露的作用机制的研究仍有待深入;仅有少量文献从企业行为的同群效应视角出发,考察了企业间的模仿行为对环境信息披露的影响。在这样的背景下,本书从利益相关者的视角出发,综合运用计量经济学、企业管理等领域的方法,对企业环境信息披露的现状特征、利益相关者影响企业环境信息披露的驱动机制以及如何提升企业环境信息披露质量的对策建议进行深入研究,这在中国生态环境保护的新形势下具有很强的理论意义和应用价值。

　　为了尽可能反映不同国家学者们有关企业环境信息披露研究的全貌,本书遵循由面及点、逐渐深入的研究顺序,从内容框架、驱动因素、公共压力、同群压力和价值效应五个方面对企业环境信息披露的先行研究成果进行了回顾。在此基础上,本书结合不同国家学者给出的定义,划分企业环境信息披露主要表现为反应型和前瞻型两种形式,反应型环境信息披露指企业在外部压力下被动地解决环境问题,而前瞻型环境信息披露指企业自愿、积极地处理环境问题。然后,本书从理论层面出发,运用博弈模型构建利益相关者影响企业环境信息披露的驱动机制,具体而言,根据利益相关者作用于企业环境信息披露的不同方式,分别构建由政府、媒体和机构投资者构成的公共压力和企业间的同群压力影响环境信息披露的博弈模型。在公共压力对企业环境信息披露的驱动机理分析中,本书构建了媒体监督条件下,政府、机构投资者和企业的多方动态博弈模型。在同群压力对企业环境信息披露的驱动机理分析中,本书以经典的"智猪博弈"模型和"囚徒困境"模型为借鉴,分别构建了企业之间关于自主披露和模仿披露的博弈模型,以及如实披露和虚假披露的博弈模型。再通过均衡点分析,识别出政府的环境规制手段、媒体的舆论关注压力、机构投资者的投资偏好和企业间的同群压力是影响企业选择良好的环境信息披露行为的关键因素,这是本书理论研究的起点。

之后,结合博弈均衡分析和已有文献,引出本书实证研究的基本假设。在此基础上,本书分别对政府、媒体和机构投资者构成的公共压力集合和企业间的同群压力影响环境信息披露的作用机理进行实证检验。实证研究发现:政府环境规制和机构投资偏好构成的公共压力能够显著促进企业环境信息披露水平的提高;而由于中国媒体还未能对企业形成有效的外部监督机制,因此媒体的舆论关注压力对企业环境信息披露水平的促进作用并不显著;当地方环保领导发生变更时,公共压力对企业环境信息披露的促进作用会进一步强化;同群企业的环境信息披露水平越高,企业自身的环境信息披露水平也随之提高;企业之间关于环境信息披露的模仿,主要遵循频率模仿和结果模仿两种形式,即企业在环境信息披露决策中的模仿对象是大多数企业和已经在环境信息披露领域取得一定成就的企业;企业通过采用与行业内其他企业相似的环境披露政策来获得外部环境的认可,以此带来企业价值的提升。

接着,本书采用案例研究方法,以一家白酒上市公司和一家农药上市公司作为研究对象,通过纵向梳理案例企业在不同阶段的环境信息披露表现,和对应阶段利益相关者压力变化的趋势,从动态视角验证利益相关者压力影响企业环境信息披露的微观路径。案例研究发现:来自政府的规制压力上升时,企业的环境信息披露表现会趋于合规化,但以反应型环境信息披露为主。地方政府环保部门的监管力度在很大程度上会影响企业对于政府规制压力的感知,若地方保护主义出现,则政府对企业环境信息披露施加的影响被削弱。机构投资者压力和同群企业压力越强时,企业的环境信息披露表现也会相应提升,并从反应型环境信息披露转变为前瞻型环境信息披露。

最后,立足于本书得出的系列结论以及企业环境信息披露制度建立较早的欧盟、美国等国的先进发展经验,提出促进我国企业环境信息披露建设的政策启示。

本书的撰写得益于笔者博士导师朱淑珍教授的指导,以及上海工程技术大学管理学院、工商管理系领导和老师们的大力支持和关怀,得到了同行、同门的帮助,衷心感谢他们的付出! 由于笔者水平有限,本书中尚存在表达不简练、不缜密之处,将在今后研究中进一步完善。

吴 蝶

2023 年 7 月 20 日

目　录

第一章　企业环境信息披露的发展与思考

第一节　企业环境信息披露的现实需求

随着经济的快速发展,生态环境问题日益严重,影响了人们的日常生活。在国际社会的高度重视下,各种应对环境问题的策略应运而生。在众多环境问题中,最突出的是人为因素造成的环境污染。企业作为主要的环境污染源之一,势必要承担起保护和治理环境的责任,最重要的就是要做好企业环境信息的披露工作。但中国企业环境信息披露的现状不容乐观,存在披露不及时、不全面、避重就轻等问题,总体水平偏低。为此,政府、媒体、投资者等企业的利益相关者积极呼吁企业承担起环境信息披露的责任,这不仅有利于了解企业在节能减排方面的具体成效,更有助于建立起一套完整的企业环境责任监督机制,从源头上减少和尽量杜绝环境污染的发生。

中国政府关于环境信息披露的制度研究虽然起步较晚,但近年来经历了一个较快的发展阶段。2003 年,第一份关于环境信息披露的文件《关于企业环境信息公开的公告》正式颁布,之后中国先后制定了多个有关规范企业信息披露的法规,为企业环境信息披露的监管提供了法律依据。特别是党的十八大召开以来,生态文明建设被推向了一个新的高度。被称为"史上最严环境保护法"的新《环境保护法》于 2015 年 1 月生效。环境保护部立即发布了五项细则,主要涉及环境违法行为的处罚和企事业单位的环境信息披露制度。除环境信息公开制度的建设以外,中国政府于 2018 年正式成立生态环境部,作为环境执法和监督的统一部署,标志着生态环境监督体系新框架的初步形成,大大强化了对企业环境信息披露的监管力度。企业环境信息披露的实施不仅受到来自政府的环境监管压力,其他利益相关者对于企业环境责任的需求也形成了企业履行环境披露责任的巨大压力和动力。

媒体作为社会公众力量的代表,一方面有义务向社会公众报道其关心的环境污染等民生问题,另一方面由于媒体传播途径的多元化和媒体受众的广泛,能够对企业的违法违规行为形成"放大镜"效应,从而对企业形成舆论监督压力。一些企业的环境污染事件经过媒体曝光后,一时间对相关企业、当地政府和监管部门都造成了巨大的舆论压力。

与此同时,企业的环境披露行为也受到机构投资者的影响。机构投资者作为企业的直接利益相关者,不仅参与企业利益分配,而且有渠道参与公司治理环节。相较于其他类型的股东,机构投资者倾向于关注长期回报的价值型投资行为,因此更关注企业的可持续发展能力。由图 1-1 可知,ESG(environmental,social and governance)投资自 2017 年以来迎来快速增长,已经逐渐成为机构投资者的主流投资新方向,也成为衡量企业可持续发展的重要参考因素。从 ESG 投资标准来看,机构投资者不再单纯地关注财务回报,也重视其投资的领域或企业给社会发展带来的积极意义。近年来,上市公司因环境污染事件导致股价暴跌的案例屡见不鲜。投资者意识到不良的环境绩效会给企业财务绩效造成负面影响,为了规避可能出现的环境风险,投资者对企业的环境信息披露提出了更高的要求。

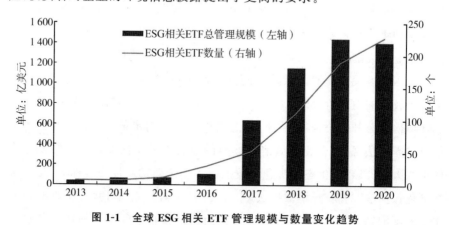

图 1-1 全球 ESG 相关 ETF 管理规模与数量变化趋势

资料来源:彭博数据库和华泰证券研究所

注:ETF(exchange trade fund,简称 ETF)为交易型开放式指数基金。

企业在环境披露行为方面,除了受到来自政府、媒体、机构投资者等利益相关者的压力,也受到了来自同行竞争者的同群压力。"波特假说"认为,企业在履行环境责任的过程中,会进行更多的创新活动,而这些创新活动有利于提升生产效率,企业也会因此获得竞争优势。[2,3] 当企业感受到来自竞争者的同群压力时,首先会选择"依样画葫芦"地履行环境责任,以弥补在竞争力上的差距。从这个意义上说,源于竞争者的同群压力在一定程度上能够促进企业环境责任的履行。由以上分析可知,企业的环境信息披露行为已经受到了众多利益相关者的重视,因此企业需要思考如何提升环境信息披露表现来应对源于不同利益相关者的压力。

第二节 企业环境信息披露的制度背景

一、英国的环境信息披露制度

英国历史上是一个雾霾比较严重的国家,所以英国一直有意成为"低碳转型"的世界引领者。1992 年,英国政府颁布《环境管理系统 BS7750 条例》,首次就企业的环境信息披露制定了规范标准,有力地推动了英国企业环境信息披露的发展。1997 年,英国政府发布了《环境报告与财务部门:走向良好务实》文件,激励国内 350 家最大的上市公司自主披露环境信息。2008 年,英国政府制定了全球范围内第一部专门应对气候变化的法律《气候变化法案》;2009 年随即公布《英国低碳转型计划》,这是又一部具有战略意义的关于企业碳减排和环境披露的方案;2013 年实施的公司法则要求伦敦证券交易所(London Stock Exchange,LSE)的上市公司须在其年报中披露公司温室气体排放的数据。除了相关法律法规的制定,英国政府为提高企业进行环境信息披露的积极性,还利用税收、专用基金等经济杠杆进行激励。

二、美国的环境信息披露制度

美国作为全球第一大经济实体,在环境信息披露制度的建设方面也有着积极的表现,是一个较早研究有关环境信息披露的国家。自 20 世纪 60 年代末颁布《国家环境政策法》起,开始着手制定众多环境信息披露相关的法律法规,到了 90 年代已经形成了一个较为完善的有关环境信息披露的法律体系。1970 年,美国政府成立了美国环境保护局(U. S. Environmental Protection Agency,EPA),对环保问题进行专职管理。美国国会分别于 1984 年和 1986 年,针对有害、有毒化学品的排放制定了两个法案,强制规定相关企业必须定期报告有害、有毒化学品的排放情况,并向环保署提供年度报告。1993 年美国证监会针对环境信息披露责任发布了 92 号会计公告,第一次明确规定了对环境信息披露违规企业加以重罚。1998 年,财务会计准则委员会(Financial Accounting Standards Board,FASB)发布了关于环境信息披露的特别公告,规定企业必须同时有两份环境报表来披露环境信息。2009 年,美国环境保护署(EPA)发布《温室气体强制报告规则》,强制要求拥有大型排污设施的企业报告温室气体排放情况[4]。进入 21 世纪以来,美国进一步加大了对违反环境信息披露法律法规的企业的处罚力度,有效地促进了企业履行环境信息披露责任。

三、中国环境信息披露制度与实践

(一)中国环境信息披露政策的发展历程

中国的环境信息披露制度建设在实践中不断探索,在探索中得到了较快的发展。改革开放之初,中国的环境信息披露还处于起步阶段,其具体特点是政府主导。由于相关法律法规的不完善,政府有关环境信息披露的监督界限比较模糊,这直接导致企业管理者对于环境信息披露责任的认知不明确、实施不规范等问题。党的十八大以来,伴随着中国生态文明建设的步伐,企业环境信息披露的制度建设也在不断推进和完善。表 1-1 梳理了中国自 2002 年以来企业环境信息披露的相关法律法规。

表 1-1　中国环境信息披露政策的发展历程

发布时间	发布机构	文件名称	环境信息披露的相关内容
2002 年 6 月	全国人大常委会	《中华人民共和国清洁生产促进法》	强制要求当地环保主管部门在当地主要媒体定期公布污染严重企业的名单,并要求列入名单的企业根据环保部门规定公布主要污染物的排放情况,否则承担违法责任
2003 年 9 月	国家环保总局	《关于企业环境信息公开的公告》	从必须公开对象、必须公开的环境信息、自愿公开的环境信息、环境信息的公开方式和其他等五个方面对企业的环境信息披露制定了要求

发布时间	发布机构	文件名称	环境信息披露的相关内容
2006 年 9 月	深圳证券交易所	《上市公司社会责任指引》	要求上市公司应当根据其对环境的影响程度制定整体环境保护政策,指派具体人员负责公司环境保护体系的建立、实施、保持和改进等
2007 年 2 月	国家环保总局	《环境信息公开办法(试行)》	首次将政府的环保部门也纳入了环境信息公开对象中;要求重污染企业公开主要污染物的排放方式、排放浓度、超标情况等;对于在环境信息公开中表现良好和违反规定的企业分别制定相应的奖惩措施
2008 年 5 月	上海证券交易所	《上海证券交易所上市公司环境信息披露指引》	鼓励上市公司在披露公司年度报告的同时披露公司的年度社会责任报告(含环境信息)。上市公司也可在公司年度社会责任报告中披露或单独披露《环境信息公开办法(试行)》中提到的九类环境信息等
2010 年 9 月	环境保护部	《上市公司环境信息披露指南(征求意见稿)》	要求 16 类重污染行业上市公司应当发布年度环境报告,定期披露污染物排放情况、环境守法、环境管理等方面的信息
2014 年 4 月	全国人大常委会	《中华人民共和国环境保护法》	要求重点排污单位应当如实向社会公开其主要污染物的排放情况以及防治污染设施的建设和运行情况等接受社会监督
2014 年 12 月	环境保护部	《企业事业单位环境信息公开办法》	首次将事业单位纳入环境信息公开对象,涉及重点排污单位的界定、应当公开的环境信息、信息公开方式和违规处罚等四方面的内容

续表

发布时间	发布机构	文件名称	环境信息披露的相关内容
2016 年 8 月	人民银行、国家发改委、环保部等七部委	《关于构建绿色金融体系的指导意见》	要求逐步建立和完善上市公司和发债企业强制性环境信息披露制度,加大对伪造环境信息的上市公司和发债企业的惩罚力度,培育第三方专业机构为上市公司和发债企业提供环境信息披露服务的能力
2018 年 9 月	证监会	《上市公司治理原则》	增加了环境保护与社会责任的内容,明确了上市公司对于利益相关者、员工、社会环境方面的责任,确立了 ESG 信息披露基本框架
2021 年 5 月	生态环境部	《环境信息依法披露制度改革方案》	2021 年印发环境信息依法披露管理办法、企业环境信息依法披露格式准则;2022 年完成上市公司、发债企业信息披露等有关格式文件修订;2023 年开展环境信息依法披露制度改革评估;2025 年基本形成环境信息强制性披露制度
2021 年 6 月	证监会	《公开发行证券的公司信息披露内容与格式准则第 2 号——年度报告的内容与格式(2021 年修订)》《公开发行证券的公司信息披露内容与格式准则第 3 号——半年度报告的内容与格式(2021 年修订)》	重点排污单位的公司或其主要子公司,应按照规定披露主要环境信息。重点排污单位之外的公司应当披露报告期内因环境问题受到行政处罚的情况,并执行"不披露就解释"原则

资料来源:作者整理。

2020 年是企业环境信息披露迎来重要转折的一年。习近平总书记提出"碳达峰、碳中和"目标,标志着我国正式进入低碳时代。企业是产生温室气体的主要来源之一。因此,要实现"碳达峰、碳中和"目标,对于企业的碳排放信息等相关环境信息披露的制度建设和监管体系不容忽视。目前,有关监管机构正在参考国际资本市场环境信息披露的实践,结合中国的实际情况,研究制定中国企业环境信息披露的具体指引,致力于强化对上市公司环境信息披露的监管。2021 年 6 月,证监会发布《公开发行证券的公司信息披露内容与格式准则第 2 号——年度报告的内容与格式(2021 年修订)》(下文简称《准则》),其中第五节第四十一条规定,重点排污单位必须披露七项环境信息,其他公司实行"不披露就解释"的原则。2021 年,国务院生态环境办公厅发布了《环境信息依法披露制度改革方案》,提出中国将于 2025 年基本形成环境信息强制性披露制度的目标,并制定了明确的五年(2021—2025)时间表。

回顾中国环境信息披露相关政策的发展历程,可以看到:一是披露主体范围的扩大,从"双超"污染严重企业增加至法律规定必须披露环境信息的上市公司、发债企业、政府环保部门以及其他企业事业单位等四类主体;二是披露要求的升级,从强制性披露和自愿性披露原则向强制性披露和"不披露就解释"原则递进。可以看到,中国的环境信息披露制度正在经历一个全局化、精细化的过程,但其间也存在一些不足之处。首先,相较于上市公司财务信息的披露,针对中国上市公司的环境信息披露制度的建章建制目前仍处在设计和规划阶段,相关文件中大多以较为宽泛的指导性文字为主。以《准则》为例(见图 1-2),其中关于上市公司环境信息公开的要求和规范仍停留于框架设计层面,无法指导上市公司的环境信息披露工作。其次,政府的地方环保部门应重视上市公司环境信息披露的配套监管机制的实施。证监会、证监局等的主要监管对象是资本市场,而深化环境信息披露的监管机制则需要和地方执法进一步联动进行。在上市公司生产和经营活动中的环境信息披露监管,既需要依托当地的环境监管、市场监管等政府部门的直接参与,也需要当地执法部门结合顶层设计的思路和要求实施监测管理,并面向规则制定者做出正向和负向的反馈,并最终达到不断完善公司环境信息披露监管动态平衡的目标。

公开发行证券的公司信息披露内容与格式准则
第 2 号—年度报告的内容与格式
（2021 年修订）

第五节 环境和社会责任

第四十一条 属于环境保护部门公布的重点排污单位的公司或其主要子公司，应当根据法律、行政法规、部门规章及规范性文件的规定披露以下主要环境信息：

（一）排污信息。包括但不限于主要污染物及特征污染物的名称、排放方式、排放口数量和分布情况、排放浓度和总量、超标排放情况、执行的污染物排放标准、核定的排放总量。

（二）防治污染设施的建设和运行情况。

（三）建设项目环境影响评价及其他环境保护行政许可情况。

（四）突发环境事件应急预案。

（五）环境自行监测方案。

（六）报告期内因环境问题受到行政处罚的情况。

（七）其他应当公开的环境信息。

重点排污单位之外的公司应当披露报告期内因环境问题受到行政处罚的情况，并可以参照上述要求披露其他环境信息，若不披露其他环境信息，应当充分说明原因。

鼓励公司自愿披露有利于保护生态、防治污染、履行环境责任的相关信息。环境信息核查机构、鉴证机构、评价机构、指数公司等第三方机构对公司环境信息存在核查、鉴定、评价的，鼓励公司披露相关信息。

鼓励公司自愿披露在报告期内为减少其碳排放所采取的措施及效果。

图 1-2 《准则》节选部分

资料来源：中国证券监督管理委员会官网。

（二）碳排放信息的市场化监管

虽然"碳达峰、碳中和"目标在 2020 年才被提出，但早在 2011 年，中国已在京、沪、粤、鄂等地开展碳排放权交易市场试点，四川、福建、重庆等省市也陆续加入试点区域。2020 年 12 月，生态环境部牵头上海环境能源交易所和湖北碳排放权交易中心，建立全国碳排放权交易市场。作为实现"碳达峰、碳中和"愿景的一项重大制度创新，其设计核心是运用市场化机制，以较低的成本控制温室气体排放,促进绿色低碳发展。2021 年,全国碳市场的首个履约期已启动并开市交易。

监管碳排放权交易行为作为我国治理企业碳排放最直接最有效的工具之一,微观上通过市场化的手段、奖励的方式激励企业实现自主的环境披露和碳排放控制,从而促进企业生产模式升级,有利于在业界形成公开透明的环境信息披露氛围,激发企业间相互监督、相互竞争的节能减排动力。具体的做法是政府相关部门根据对各个行业碳排放情况的调研,在市场化运作机制之上,框定整体减排目标,采取额度管理措施。对于已经纳入碳排放权交易系统的企业,赋予可在交易系统内买卖碳排放权额度的权力。在市场化的机制下,这些企业将第一时间公布各自的碳排放使用情况以快速出清自己多余的额度换回前置的交易成本,并获得资本市场的盈利。在这一交易机制下,未使用的碳排放权从减排成本低的企业转移到减排成本高的企业。"无形的手"释放了企业披露碳排放信息的自主性和积极性,并最终成为治理环境的有效"推手"。

根据上海环境能源交易所数据,截至 2021 年三季度末,全国范围内已有约 2 300 家电力能源企业参与碳排放权交易系统并参与交易;同时,其他重点排放行业如有色金属、建材、石化、化工、航空等预计也将在三年内陆续加入全国碳排放权交易体系。随着这些"重量级选手"的加入,这八大高耗能行业的企业将成为碳配额交易的主体,也将成为碳排放信息披露的主体。

(三)中国企业环境信息披露的现状

随着中国环境信息披露相关政策和法律法规不断向制度化、合法化的方向发展,我国企业的环境信息披露水平也开始呈现一个小幅的上升态势。图 1-3 是《中国上市公司环境责任信息披露评价报告》(后称《报告》)中各地区历年发布环境报告的趋势图。通过分析可知,我国上市公司披露环境信息相关报告的总数呈现一个稳步上升的态势,其中华东地区上市公司的披露总量遥遥领先其他地区,且涨幅也最为明显;华北地区披露企业的总数位居第二,涨幅较华东地区较小。就图 1-3 而言,全国范围内上市公司的环境信息披露情况存在明显的地区失衡。另外,就 2019 年我国上市公司环境信息披露情况而言,虽然企业披露总数和披露指数总体平均得分较 2018 年都上涨了 8.41% 和 7.42%,但仍有七成上市公司未进行环境信息的披露,且整体仅处于二星水平的发展阶段。就目前情况而言,中国环境信息披露的制度建设已经取得了一定的成绩：环境立法从少到多、环境执法从弱到强、环境守法从被动到主动[6]。然而，我们也必须正视目前环境信息披露工作中存在的许多问题，比如企业环境披露的总体比例较低、披露内容存在避重就轻的现象[7]以及环境披露地区失衡等问题。

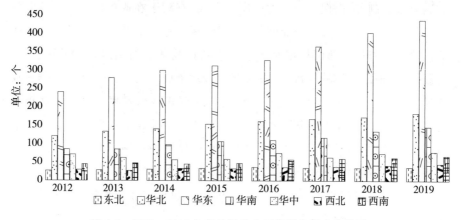

图 1-3　2012—2019 年各地区发布环境报告的企业数量

第三节　企业环境信息披露的驱动问题

一、问题的提出

综上，中国企业的环境信息披露仍处于一个实践探索的发展阶段。而在中国生态环境保护的新形势下，企业环境信息披露已经成为政府、媒体、机构投资者等利益相关者关注的重点，同时企业的环境披露行为也受到利益相关者的影响。那么，企业环境信息披露的利益相关者之间存在着怎么样的影响，如何决策？外部监督组织（如政府、媒体等）如何影响企业环境信息披露？竞争企业之间如何影响企业环境信息披露？这些已经成为企业界和学术界关注的问题。因此，本书将重点研究利益相关者压力视阈下的企业环境信息披露问题，具体的研究问题包括：（1）利益相关者对企业环境信息披露产生影响的作用机理；（2）外部监督组织对企业环境信息披露的驱动作用；（3）竞争企业间的相互作用对企业环境信息披露的影响。

二、问题的研究价值

"双碳"背景下,环境信息披露作为企业实现低碳发展的重要途径之一,已成为当下学术界研究的重点问题。因此,本书从利益相关者的视角出发,通过研究中国重污染行业上市公司的环境信息披露数据,来识别外部组织的监督作用和竞争企业间的相互作用如何驱动企业的环境信息披露,从而为构建企业环境信息披露的有效驱动机制提供理论支撑和对策建议。

（一）理论价值

（1）本书基于博弈分析法,构建了利益相关者与企业环境信息披露的理论模型,进一步探究由政府、媒体和机构投资者构成的外部组织,以及竞争企业之间的相互作用如何影响企业在环境信息披露上的决策。通过均衡点分析,本书挖掘出影响企业环境信息披露的关键因素,以及它们驱动企业实施良好的环境信息披露的作用机理,弥补了关于利益相关者影响企业环境信息披露问题的理论研究不足,并为博弈分析法在环境信息披露研究中的应用提供了借鉴。

（2）关于外部组织的监督作用对企业环境信息披露的驱动影响,先行研究大多从单个或多个组织的视角出发,缺乏对企业外部压力的构成做整体性的考虑。而本书基于组织合法性理论,研究了政府、媒体和机构投资者的压力集合对企业环境信息披露的影响,这有助于综合反映企业外部压力对环境信息披露水平的影响路径。

（3）关于企业环境信息披露驱动因素的已有研究大多聚焦于企业外部环境和企业内部控制因素,本书则创新性地纳入企业间的相互作用这一研究视角,探讨企业竞争者的行为是否会通过某种方式对企业的环境信息披露决策造成影响。本书不仅为企业环境信息披露的驱动研究提供了一个新的视角,也丰富了企业间相互作用的研究范畴。

（二）应用价值

（1）本书的研究成果揭示了驱动企业实施良好的环境信息披露行为的关键要素。环境监管部门在制定具体的环境监管措施时,可以借助媒体的舆论监督功能和投资者对企业的激励约束功能,以进一步加强政府对企业环境管理的有效监管,达到提高企业环境信息披露质量的目的。

（2）从企业内部治理的角度而言,了解利益相关者的环境诉求,有助于企业高效地进行环境管理的建设和实施工作,预防和规避可能对公司的经营活动产生影响的环境风险。这对于企业自身提高环境绩效,保障企业的持续稳定经营具有重要的实践意义。

三、重要概念界定:环境信息披露与利益相关者压力

(一)环境信息披露

环境信息披露(environmental information disclosure),是指企业按照法律要求或自愿原则,向有关部门和全社会公开企业在经营管理过程中对环境资源的利用情况和环境保护措施的一种环境管理实践。本书借鉴学者们关于环境管理实践的分类方法,基于企业对待环境披露责任的不同态度将环境信息披露界定为反应型和前瞻型[8]。

其中,实施反应型环境信息披露的企业只会在外部压力下被动地履行环境信息披露责任。对于利益相关者的环境披露要求,也仅仅会做到满足利益相关者对于企业行为的最低期望,即避免因为环境披露问题而导致的停止经营。所以,其环境信息披露的内容也以符合法律规定的最低要求为主。而根据我国法律法规的要求,我国政府除了对重点排污单位等重污染企业提出强制性环境披露要求之外,对其他企业仍以鼓励自愿公开为主。根据环境保护部2010年发布的《上市公司环境信息披露指南》(征求意见稿)(以下简称为《指南》)的规定,重污染行业上市公司必须披露的环境信息包括图1-4中所示的8类环境信息。所以,在中国环境信息披露制度的框架下,反应型环境信息披露主要以企业在污染治理、清洁生产和环境风险管理等方面的内容为主。

与实施反应型环境信息披露的企业不同,实施前瞻型环境信息披露的企业自愿、主动地披露环境信息。这一类企业通常具有高度的社会责任感,重视利益相关者的诉求。他们认为,企业能够通过环境信息披露行为,同时实现经济效益和社会效益的发展,从而在行业内获得竞争优势、赢得投资者信心,这也是企业主动披露环境信息的内在动力。基于学者们的相关研究,本书认为企业前瞻型环境信息披露的内容主要包括公司的环境战略、环境管理系统、员工环境培训项目[9]和对利益相关者的影响[10]等企业主动性环境管理行为。

上市公司环境信息披露指南

（征求意见稿）

第九条 年度环境报告应当披露的信息：

（一）重大环境问题的发生情况

1、发生突发环境事件并已发布临时环境报告的，应报告环境事件最终处理结果和环境影响，造成的经济损失和经济赔偿。

2、因为环境违法违规受到重大环保行政处罚且已发布临时环境报告的，报告采取的整改措施和效果。

（二）环境影响评价和"三同时"制度执行情况

说明依法开展建设项目环境影响评价和"三同时"验收制度的执行情况；未能按期完成验收的，应说明原因和进展情况。

（三）污染物达标排放情况

1、说明下属各生产企业废水和废气中常规污染物和特征污染物达标排放情况；厂界噪声和无组织排放达标情况。

2、出现污染物超标排放的，要说明排放浓度、排放标准，超标原因和整改措施。

3、下属企业中有国家重点监控企业的，应公布一年四次监督性监测情况。

（四）一般工业固体废物和危险废物依法处理处置情况

1、一般工业固体废物的种类及综合利用情况；

2、危险废物的安全处置情况。

（五）总量减排任务完成情况

1、说明各子公司、分公司减排工程实施进度和减排指标完成情况。

2、未完成总量减排任务的，要说明原因和整改措施。

（六）依法缴纳排污费的情况

（七）清洁生产实施情况

1、上市公司内有属于重点企业应定期开展清洁生产审核的，报告应说明依法实施清洁生产审核及开展评估验收的情况。

2、上市公司内有依法应开展强制性清洁生产审核的企业且已被环保部门公布的，报告应披露企业名称、地址、法定代表人；主要污染物的名称、排放方式、排放浓度和总量、超标、超总量情况；企业环保设施的建设和运行情况；环境污染事故应急预案等环境信息。

（八）环境风险管理体系建立和运行情况

说明突发环境事件应急预案的完备情况；存在重大环境风险源的，要说明企业环境风险管理机制的建设情况。

图1-4 《上市公司环境信息披露指南》节选部分

资料来源：中国生态环境部官网。

（二）利益相关者压力

1.利益相关者压力的概念

利益相关者（stakeholder）是指能够影响组织目标实现或受组织目标实现过程影响的人或群体[11]。利益相关者理论认为，企业在生产经营中需要协调与利益相关者之间的关系，这是因为企业的生存发展依赖于从周围环境中获取资源[12]，而利益相关者就是企业获取资源的对象。由于企业的资源依赖，利益相关者能够对企业提出利益诉求，进而对企业形成了一种约束力。所以，利益相关者压力（stakeholder pressure）是指企业对于能否实现利益相关者预期所产生后果的感知[13]。此外,组织合法性理论也对利益相关者压力的来源提供了理论解释。当企业的行为满足利益相关者的期望时,其才能获得来自利益相关者的合法性认可,这种共同认可最终形成了企业的合法性地位。反之,若企业难以满足利益相关者的诉求,就会受到利益相关者的惩罚或是负面评价,比如政府的行政处罚、媒体的负面报道和投资者的撤资行为等等。Charles 和 Michael[14]进一步提出,尽管企业的生存发展需要利益相关者的支持,但各个利益相关者对企业施加的影响不尽相同。而企业对不同利益相关者压力的反应程度取决于企业对特定利益相关者的资源依赖程度和获得的合法性认可。

2.利益相关者压力的分类

由于不同利益相关者影响企业决策的作用形式和能力并不是同质的,所以在特定情境下研究者需要按照一定的标准对众多利益相关者进行区分[15]。Henriques 和 Sadorsky[16]根据组织功能和性质的不同,将利益相关者划分为监管利益相关者(政府)、组织利益相关者(消费者、竞争者、员工、股东和供应商)、社区利益相关者(当地社区、非政府环保组织和行业协会)和媒体四类关键群体。Berardi 和 Brito[17]在公司环境管理实践的驱动因素研究中,根据利益相关者对企业施加的不同影响,从客户、竞争对手和环境组织三个途径来识别公司受到的利益相关者压力。Huang 和 Kung[18]在企业环境信息披露的动机研究中,分别从外部利益相关者、内部利益相关者和中间利益相关者三个方面去识别利益相关者中影响企业环境信息披露的关键因素,研究表明对企业的环境管理决策造成影响的关键利益相关者以外部利益相关者为主,包括政府(包括中央和地方执法部门)、新闻媒体、公众和投资者等等。

通过对环境管理领域有关利益相关者压力文献的全面考察,发现在中国情境下,企业的环境信息披露行为主要受到来自政府、市场、公众和媒体的压力[15,19,20]。在政府层面,《上市公司环境信息披露指南(征求意见稿)》和《环境保护法》等法律法规的实施,无疑对企业履行环境信息披露责任提出了更高要求。在市场层面,企业一方面受到同行公司的竞争压力,另一方面受到投资者的融资约束压力。当周围环境中许多企业实施环境披露时,企业为了避免与主流脱轨以及保证自身合法性的需要,会倾向于"顺应潮流",通过模仿同行公司的行为来应对这一压力。对于投资者而言,企业因为违规处理污染物或违规生产而导致股价暴跌的事件屡见不鲜，环保问题已经成为不能触碰的红线。而投资者通过要求企业披露环境信息，能够在一定程度上避免因忽视环境问题导致重大损失。在公众和媒体层面，当企业的环境污染危害到社会公众的生存环境时，往往会受到公众的抵制。但由于公众缺乏对企业施加压力的能力，其对企业环境违规的惩罚基本上是微乎其微，主要通过媒体或是政府渠道来进行维权。而在一些案例研究中，学者们也指出了地方政府对企业的包庇现象[15]，这时媒体承担起社会公众的代理人角色，通过报道引导舆论，对企业行为实施监督[21]。基于以上分析，本书主要研究以政府、媒体、机构投资者和竞争者为代表的利益相关者如何驱动企业的环境信息披露行为。另外，本书根据各个利益相关者向企业施加压力的不同方式（如图 1-5 所示），将他们分为了源于政府、媒体和机构投资者的公共压力和源于企业竞争者的同群压力。

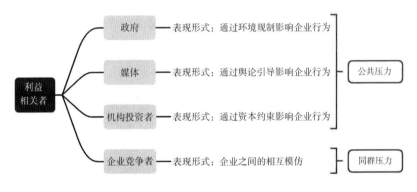

图 1-5　利益相关者压力的分类示意图

（1）公共压力

关于公共压力（public pressure）的定义，Darrell 和 Schwartz[22]认为，文化环境、政治环境和法律环境构成了企业受到的公共压力。其中，文化环境通过媒体、社会公众的舆论关注和市场行为形成对企业的压力；政治环境主要通过政府的监管措施来形成对企业的压力；法律环境通过法律法规等制度形式形成对企业的压力。王霞等[19]在公共压力影响企业环境信息披露的实证研究中，则将企业受到的来自政府、债权人、股东和媒体等利益相关者对企业的关注和监督称为公共压力。结合以上学者对公共压力的定义，本书将政府、媒体和机构投资者等利益相关者作为影响企业环境信息披露的公共压力来源进行研究。

（2）同群压力

竞争者通过市场实践引发其他企业也采取积极的环境行为，[23]这一模仿过程是由于企业受到了来自竞争者的同群压力。在公司治理领域中，企业受到的同群压力是指特定群体内一个或多个企业所采取的某一特定行为会促使其他企业也采取该行为，并最终形成组织间的模仿和趋同现象。针对这一现象，新制度主义理论认为，各个组织通过模仿相同环境内其他组织的结构和行为，来获得合法性认同，从而减轻环境压力和组织动荡。所以说，企业应对同群压力的过程，就是企业获得合法性地位的过程。

四、问题的研究思路

本书遵循如下的研究思路。首先通过文献综述较为系统地回顾了关于企业环境信息披露的内容框架发展、驱动因素研究以及价值效应等相关研究；其次通过构建理论模型，探索企业在合法性诉求下各个利益相关者压力对企业环境信息披露的作用机理；然后通过实证检验分别对利益相关者压力视阈下"公共压力如何影响企业的环境信息披露"以及"同群压力如何影响企业的环境信息披露"展开深入的研究，并通过案例研究对上述实证检验的结果做进一步的验证；最后结合本书的主要研究结论和原因分析提出中国情境下的管理启示。根据研究思路，本书将主要内容分为七章，具体研究内容如下。本书的技术路线如图1-6所示。

第一章，企业环境信息披露的发展与思考。从研究主题的现实背景出发，引出本书要研究的问题。针对经济高速发展所带来的环境恶化问题，利益相关者群体对企业的环境信息披露提出了更高要求。界定企业环境信息披露和利益相关者压力等概念，并对全文的研究内容与章节安排、技术路线、研究方法以及创新点进行了阐述。

第二章，相关研究梳理。从企业环境信息披露的内容框架研究、驱动因素研究、公共压力与环境信息披露、同群压力与环境信息披露以及企业环境信息披露的价值效应五个方面入手，通过对国内外相关文献进行梳理和归纳，总结了现有研究中的成果与不足，进一步明确了本书拟解决的问题，从而为下文利益相关者压力驱动企业环境信息披露的理论模型构建提供理论支撑。

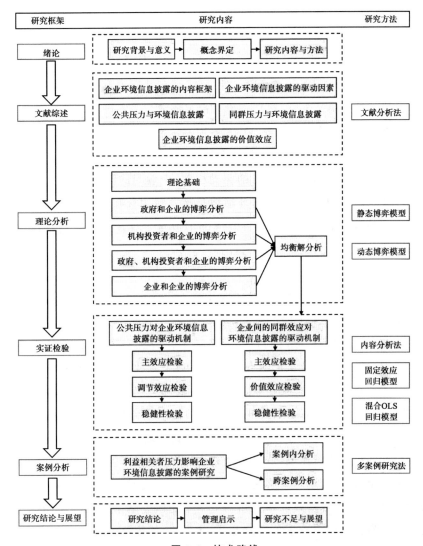

图1-6　技术路线

第三章,企业环境信息披露驱动机制的理论分析。本章是整篇论文的理论支撑。首先,通过理论分析提炼博弈双方在特定情境下的行为策略模式。然后,基于博弈分析方法分别构建了企业和政府(媒体监督)的博弈模型、企业和机构投资者的博弈模型、企业和企业的博弈模型。最后,通过对博弈均衡结果的分析,归纳总结出影响企业环境披露行为的关键因素,为下文的实证研究奠定了理论基础。

第四章,企业环境信息披露的驱动机制:公共压力的作用。首先,结合国内外学者们的相关研究和本书的博弈分析结果,提出包括政府环境规制、媒体关注度和机构投资偏好在内的公共压力集合影响企业环境信息披露的研究假设。然后,通过描述性统计、皮尔森(Pearson)相关性检验、构建固定效应回归模型(fixed effect model,简称 FEM)等方法,就公共压力对企业环境信息披露的影响机理进行实证研究,并进一步讨论了环境政策不确定性在两者关系中起到的调节作用。本章的研究结论对政府制定上市公司环境披露有关政策和引导社会力量发挥企业社会责任监督机制具有重要的实践意义。

第五章,企业环境信息披露的驱动机制:企业间的同群效应。本章基于新制度主义理论,提出了企业的环境信息披露行为存在同群效应这一假设,并进一步检验企业环境披露同群效应的形成是否存在频率模仿、特征模仿和结果模仿这三种形式。后文通过描述性统计、Pearson 相关性检验、构建混合普通最小二乘法(ordinary least squares,简称 OLS)回归模型等方法对这三种形式的存在进行了实证检验,并进一步讨论了企业环境披露的同群效应强度(模仿程度)对于企业价值的影响。

第六章,企业如何应对利益相关者压力:反应型披露还是前瞻型披露。本书选取两家不同行业不同所有权性质的典型企业,运用案例研究方法,首先通过实地观察、半结构化访谈、搜集企业内部文档及其他二手资料进行数据搜集,然后基于数据编码、案例内分析和跨案例分析,提炼出企业感知的利益相关者压力变化与企业环境信息披露表现之间存在的关系,并与上文实证检验的结果进行比较,使得研究结论更稳健、更具有实践意义。

第七章,研究结论与对策建议。本章依据理论研究、实证检验和案例研究的结果,从理论和实践的角度归纳了本书的研究结论,通过对研究结论进行原因分析进而提出本书的管理启示;并指出本书中存在的不足及未来研究的方向。

五、问题的研究方法

本书主要采用的研究方法包括文献分析法、博弈分析法、内容分析法、计量模型实证方法和案例研究法。

(一)文献分析法

文献分析法在本书中的应用主要有以下几个方面:第一章通过文献研究对企业环境信息披露和利益相关者压力的先行研究成果进行了回顾和归

纳总结,并进一步对其做出概念界定。第二章通过文献研究对研究主体企业环境信息披露的相关先行研究进行了归纳总结,通过阐明现有研究中存在的不足,引出本书的研究方向。第三章通过文献研究对本书的四个主要理论,包括组织合法性理论、利益相关者理论、公共压力理论和新制度主义理论进行了归纳总结,为博弈模型的构造和后文中的实证研究提供了理论基础。第四章和第五章分别针对公共压力与环境信息披露、同群压力与环境信息披露等次级研究主题的相关理论和先行文献进行了梳理归纳,为后文的实证研究提供了理论基础,并由此提出研究假设。

(二)博弈分析法

博弈论是一门研究在特定环境约束下,局中人凭借各自掌握的信息做出策略(行为)选择并实现利益最大化的行为规律的科学。它的研究模式是在给定的一组规则约束下,博弈中的决策个体追求各自利益的最大化。本书运用博弈分析方法来识别影响企业环境信息披露的驱动因素,主要分为以下几个步骤:第一,本书就政府、媒体、机构投资者等利益相关者对企业环境信息披露的驱动作用进行理论分析,从而提炼出利益相关者如何驱动企业环境信息披露这一经济问题的主体结构。第二,基于上一步骤,将本书要解决的经济问题翻译为博弈语言,制定博弈模型中的规则,并分别构建政府、媒体、机构投资者、企业(竞争者)和企业之间的博弈模型。第三,运用博弈论方法求解得出博弈均衡解。第四,运用经济语言来解释博弈模型的均衡结果,并讨论影响博弈均衡结果的关键影响因素。

(三)内容分析法

本书采用内容分析法对企业的环境信息披露水平进行定量描述。这也是目前学者们在衡量企业环境信息披露水平时最主要运用的方法。首先,本书借鉴多位学者的相关研究,构建了一个包含3个一级指标和9个二级指标的环境信息披露评价指标体系,旨在从信息质量角度对企业的环境信息披露水平进行评价。然后,从巨潮资讯网搜集样本企业的定期报告、社会责任报告、可持续发展报告等文件,并识别其中的环境信息。最后,根据预先设定的评价指标体系对上市公司披露的环境信息进行赋值评分,从而实现了企业环境信息从文本到定量化数据的转换过程。

(四)计量模型实证方法

在实证研究方面,本书收集了我国上市公司环境信息披露数据。首先,对我国企业环境信息披露的现状进行了描述性分析。然后,分别采用混合OLS 回归模型和固定效应回归模型 FEM,就公共压力对企业环境披露的驱动研究和同群压力对企业环境披露的驱动研究进行实证检验,从而进一步验证本书第三章中建构的企业环境信息披露的驱动机制的作用机理。本书的实证分析过程主要通过使用 Stata 计量软件来实现。

(五)案例研究法

本书选择两家重污染行业上市公司作为研究对象展开纵向案例研究,首先,通过实地调研、半结构化访谈和二手资料等多重渠道进行数据搜集。然后,对数据进行编码并逐步提炼出概念。因为本书采用的是多案例研究,所以分别进行案例内分析和跨案例分析。进行案例内分析时,本书从环境信息披露表现和利益相关者压力变化两个角度对单个案例进行描述性分析,并归纳出单个案例中利益相关者压力影响环境信息披露表现的独有模式。在跨案例分析时,则通过对比分析两家案例企业在环境信息披露模式中存在的异同,并与现有的研究结论进行反复比较,来进一步挖掘出利益相关者压力与企业的环境信息披露表现之间存在的联系。

六、问题的研究创新

本书的研究创新主要体现在以下三个方面。

第一,运用博弈分析方法,构建利益相关者驱动企业环境信息披露的理论分析模型,在优化研究方法科学性的同时,拓展了博弈分析在环境信息披露研究中的应用。

已有文献中,学者们关于企业环境信息披露驱动问题的理论研究大多停留于理论层面的归纳总结,在研究方法的科学性上存在一定的局限性。而博弈分析法是对经济问题进行抽象化的描述和数理分析,由此得到的研究结论更具有科学性。为此,本书基于利益相关者视角,分别运用静态和动态博弈分析,考察了政府、媒体、机构投资者等利益相关者影响企业环境信息披露决策的作用机理。并通过借鉴经典的"智猪博弈"和"囚徒困境"模型,构建了企业和企业(竞争者)之间的博弈模型,对企业间的模仿趋同如何影响企业环境信息披露决策进行理论分析,这在相关研究中有一定的创新性。本书通过构建政府、媒体、机构投资者、竞争企业和企业之间关于环境信息披露决策的博弈模型,系统地考察了利益相关者如何影响企业环境信息披露的驱动机理。这不仅丰富了环境信息披露的理论研究,也拓展了博弈分析方法在环境信息披露研究中的应用。

第二,基于固定效应回归模型,实证检验公共压力对企业环境信息披露的影响机理,并通过引入环境政策不确定性的调节效应,进一步拓展了公共压力理论在环境信息披露研究中的应用。

关于公共压力与企业环境信息披露的研究,国内外学者们在公共压力的构成和对企业环境信息披露的影响机理上存在不一致的看法。对此,本书结合博弈模型的理论分析结果和相关文献,首先形成了包括政府环境规制、媒体关注度和机构投资偏好在内的公共压力集合,并通过构建固定效应回归模型研究公共压力对企业环境信息披露的影响机理。基于中国特有的社会主义市场经济体制,本书创新性地引入环境政策不确定性这一调节变量,通过研究公共压力与企业环境信息披露水平之间的关系在地方环保领导变更时产生的变化,进一步考察公共压力与环境信息披露的理论研究的限制条件。从内容上看,本书既揭示了政府、媒体和机构投资者等利益相关者影响企业环境信息披露的驱动机理,也通过引入环境政策不确定性这一视角拓展了公共压力理论在环境信息披露研究中的应用。

第三,基于混合 OLS 回归模型,实证检验企业间的同群效应对环境信息披露的影响机理,进一步厘清了企业间环境信息披露行为的模仿规律,为环境信息披露的驱动研究提供了新的研究视角和理论支持。

已有文献中,仅有少量研究从企业行为的同群效应视角出发,考察企业间的模仿行为对环境信息披露的影响,且未能详细探讨这种模仿行为形成的规律。本书弥补了上述研究不足。基于新制度主义理论,本书构建了企业环境信息披露同群效应的混合 OLS 回归模型,通过实证研究验证了企业的环境信息披露行为存在通过模仿群体中其他企业的行为来优化自身决策的现象。在这一基础上,本书进一步深挖企业环境信息披露行为的模仿规律,通过实证研究验证了环境信息披露模仿行为的两种形成方式:频率模仿和结果模仿。最后,创新性地引入同群效应强度这一变量,进一步考察了企业环境信息披露的价值效应。本书关于企业环境信息披露同群效应的研究,对同群效应在企业管理中的应用进行了有益的补充,为了解我国企业环境信息披露的驱动机制提供了新的研究视角和理论支持。

第二章　相关研究梳理

国内有关企业环境信息披露的探讨始于 20 世纪末,至今已有二十多年的研究历程。企业环境信息披露的相关研究从上市公司披露现状和理论框架构建的定性分析,发展到环境信息披露的度量及其影响因素的定量分析。本章先后梳理和归纳了国内外学者关于企业环境信息披露的内容框架和驱动因素;然后,根据前文对利益相关者压力的界定,从公共压力和同群压力两方面梳理环境信息披露的相关文献;最后,对企业环境信息披露的价值效应的相关文献进行整理归纳,为本书后续研究提供理论支撑。

第一节　企业环境信息披露的内容框架

张秀敏等[24]基于对国内外学者关于企业环境信息披露的指标体系研究的梳理归纳,指出企业环境信息披露指标体系的发展主要经历了污染处置和环境防治两个阶段。其中,污染处置阶段的企业环境信息披露主要表现为一种被动性环境治理,而环境防治阶段的企业环境信息披露主要表现为一种主动性环境治理。而学者们关于企业环境管理实践的研究,主要从反应型和前瞻型两端来对企业环境战略进行分类。其中,反应型环境战略是指企业在外部压力下被动地解决环境问题,而前瞻型环境战略表明企业自愿、积极地处理环境问题。结合企业环境信息披露的指标体系研究和企业环境战略研究,本书发现两者的划分极为相似,都是基于企业对待社会责任的不同态度。因而,本书借鉴 Sharma 和 Vredenburg[8]的做法,将企业环境信息披露指标体系的类型分为反应型和前瞻型两种,下文也从这两方面展开对国内外环境信息披露指标体系研究的梳理。

一、反应型环境信息披露

早在二十多年前,Kathy[25]就指出,解决大气污染问题不能只停留在经济学角度,提出以生态模式为导向的企业环境信息披露注意披露气候相关风险。Fekrat等[26]为了研究企业年报中环境信息披露的范围和准确性,构建了一个包含四大类十七小类的环境信息披露指标体系,其中四大类是指会计和财务因素(企业在环境管理设施上的支出)、当前和潜在的环境诉讼、环境污染减排情况(三废治理数据)和其他环境管理行为。这一指标体系覆盖的内容虽然相对单一,但在当时对于企业初步探索如何进行环境信息披露,提供了一定的实践基础。20世纪末,由于在国家层面环境信息披露相关制度和法律法规的缺位,Ans等[27]的研究表明,目前企业以碳排放信息为主的环境信息披露缺乏统一的披露标准,这导致企业之间环境信息披露的形式和内容各行其是、缺乏可比性,这使得投资者难以进行科学有效的衡量,环境信息的实用性大打折扣。进入21世纪后,许多国家(尤其是发达国家)将环境保护提上日程,陆续出台了有关环境信息披露的法律法规。而学者们也开始将政府监管因素纳入企业环境信息披露框架的设计。如Sulaiman等[28]在环境信息披露、环境绩效和经济绩效关系的研究中,就将企业受到的环境罚款这一项纳入企业环境披露指标中,拓展了现有环境信息披露框架的内容。且他们的研究结果表明,良好的环境绩效与良好的经济绩效显著相关。

国内关于企业环境信息披露指标体系的研究起步较晚,在借鉴国外学者经验和结合中国国情的基础上,研究者们从不同的角度提出了中国企业环境信息披露指标体系的基本框架。耿建新等[29]在具体分析了中国企业环境信息披露的现状的基础上,提出企业环境会计披露可遵循环保成本及费用、相关环境收益、环境负债情况和环保设施及其效益评价四个方面的内容进行披露,这一研究为企业试水环境信息披露实践提供了有益的参考。龚蕾[30]借鉴会计学家郭道扬提出的"建立会计第二报告体系"的构想,主张使碳排放绩效指标与传统财务业绩指标有机结合,制定具有我国特色的环境会计信息披露指标体系。同时,王建明[31]构建了具有会计信息质量特征的环境信息披露指标体系。不同于其他研究,其环境信息披露指标的构建以信息的质量特征作为衡量标准,比如"可比性"维度主要衡量的是企业的环境信息披露是否遵循统一的标准;又如"明晰性"维度衡量企业公告中的语言是否简单易懂、披露的形式是否"集中成段"。这一指标体系的构建同时保证了环境信息披露实施者的可操作性和对于信息使用者而言的实用性。也有学者们就环境信息披露中的细分领域、有关碳信息披露指标的框架设计做了深入的研究。王爱国[32]主张从三个不同的层面来设计中国企业的碳会计框架,其内容由碳排放财务会计、碳成本会计、碳管理会计和碳审计等构成,并进一步提出了落实企业碳信息披露社会责任分"三步走"的战略构想。

二、前瞻型环境信息披露

伴随对环境信息披露框架的深入研究,研究者们开始关注针对企业环境信息的自愿性披露。Clarkson 等[33]从"硬性"披露项目和"软性"披露项目两个方面构建了企业环境信息披露的指标体系,其中"硬性"披露项目包含企业在环境保护方面的治理结构和管理系统、环境信息的可信度(披露是否遵循一定的标准)、环境绩效指标和环保开支四类;"软性"披露项目包含企业在环境保护方面的愿景和战略(管理层声明等等)、企业环境管理的概况(环境认证情况、同行比较等等)和环保倡议(员工环保培训、环境事故应急预案等等)。这一项研究还表明企业管理者自愿披露环境会计信息和积极主动的环境战略,有助于企业树立正面形象,对于公司企业价值的提升存在积极的作用。虽然多数学者都认为建立一个统一、规范化的环境信息披露标准刻不容缓,但少数学者如 Jane 和 Corinne[34]则持相反的观点,他们认为企业环境信息披露不应拘泥于环境信息准则,各个企业可以根据自身的情况采取不同的形式。

国内学者任月君[35]基于 Clarkson 的研究构建了企业自愿性环境信息披露的指标体系,来进一步研究企业面临的舆论压力、政府压力、制度压力、信贷压力和社会声誉对企业环境信息披露质量的影响。刘穷志和张莉莎[36]则主要借鉴国内学者关于环境信息披露指标体系构建的相关研究,分别构建了"环境信息披露水平"和"环境信息披露质量"两大指标。

第二节 企业环境信息披露的驱动因素

国内外学者们有关企业环境信息披露的驱动因素的研究,大多从内部驱动和外部驱动两个角度来展开,如图 2-1 所示。其中,学者们主要基于公司治理角度和公司财务特征角度来识别企业环境信息披露的内部驱动因素。另外,学者们主要从企业的利益相关者角度出发来识别企业环境信息披露的外部驱动因素。

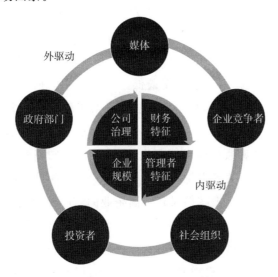

图 2-1 企业环境信息披露驱动因素的分类

一、企业环境信息披露的内驱动因素

从国内外学者的研究成果来看,影响企业环境信息披露的内驱动因素主要涉及公司的股权结构特征、董事会特征、管理者特征、企业规模、财务状况等因素。

(一)公司治理的角度

Eng 和 Mak[37]针对股权性质与环境信息披露的关系进行了分析研究,他们认为,国有企业的股权性质制约了企业环境披露质量的提高。Cormier等[38]从公司治理特征的角度研究了与环境信息披露的关系,结果表明公司治理环境越好,越有利于提高环境信息披露质量。Brammer 和 Pavelin[39] 从股权结构的角度研究与环境信息披露的关系时发现,股权分散的公司相较于股权集中的公司更愿意自愿披露环境信息。Akhtaruddin[40] 从董事会规模和独立性的角度研究公司环境信息披露,研究显示,董事会规模越大,企业环境信息披露的质量越高;而公司董事会的独立性越强,其对待公司实施环境信息披露的态度更为积极。

国内学者李晚金等[41] 筛选了 201 家 A 股上市公司作为研究样本,对企业环境信息披露水平及其影响因素进行实证检验,结论表明中国企业的环境信息披露情况整体处于偏低水平,企业规模、企业绩效和法人持股比例能够提高企业的环境信息披露水平。韩小芳[42] 就企业的实际控制人类型与企业环境信息披露之间的关系进行了研究,研究结果显示不同的控制人对企业环境信息披露的影响程度不同,其中中央控制人的影响程度最高、地方控制人次之、自然人控制的影响程度最低。林英晖等[43] 研究企业碳信息披露意愿的内在机制,实证结果显示企业管理者对于碳信息披露的态度是影响碳信息披露意愿的主要因素,而行业内的主观规范对于碳信息披露意愿的影响并不显著。学者通过问卷调研发现,这一结果归因于企业环保意识的淡薄和企业的利益相关者本身对碳信息等相关信息的诉求不高。陈华等[43] 结合国际组织的碳信息披露倡议和中国企业的实际情况构建了自愿性碳信息披露指标,并研究其与公司特征和内部治理因素之间的关系。公司特征方面,研究发现公司规模越大,固定资产比例越高,成长能力越强,上市时间越久,企业的碳信息披露表现就越好。公司内部治理方面,公司的股权分布越集中、高管的持股比例越高,则企业的碳信息披露表现也越好。

(二)公司财务特征的角度

Cormier 和 Magnan[45] 基于成本效益框架,对影响加拿大公司实施自愿性环境披露的关键因素进行研究。研究表明,在信息成本变量中,企业风险、对资本市场的依赖度和交易量能够正向促进企业的环境信息披露程度;财务状况良好的企业会倾向于披露更多的环境信息;纸浆和造纸行业企业相对于其他重污染行业而言,普遍有更好的环境信息披露表现。Paul 和 Krishna[46] 认为,企业环境信息披露与公司特征关系密切,如公司规模、盈利能力等因素都能正向影响企业环境信息披露的水平。Brammer 和 Pavelin[39] 实证检验公司和行业特征如何影响公司在自愿性环境信息披露的模式,研究表明具有分散所有权特征的规模较大、负债较少的公司更有可能进行自愿环境披露。

我国较早从企业内部环境探索环境信息披露驱动因素的是汤亚莉等人[47],他们采用定性和定量描述相结合的方式构建企业环境信息披露的评价指标。实证检验结果表明企业规模和公司绩效(净资产收益率)能够提高企业的环境信息披露水平。郑飞鸿和郑兰祥[48]在已有文献的基础上,从更全面的角度考察了企业内部因素对环境信息披露指数的影响。实证研究结果显示上市公司的偿债能力、盈利能力和经营规模等因素都对企业环境信息披露模式的选择产生显著的积极影响。张静[49]对中国 500 强上市公司的碳信息披露进行了研究,描述性统计显示,这些企业整体的碳信息披露水平不高,定量信息的披露有待提升;实证检验结果表明,企业的碳信息披露水平与以盈利能力、运营能力为代表的财务绩效之间存在互为促进、共同提升的关系。

二、企业环境信息披露的外驱动因素

国内外学者在考察企业环境信息披露的外驱动因素时,主要从企业的利益相关者角度出发,其中主要涉及媒体、政府、投资者、社会公众等利益相关者。

(一)媒体

Craig 等[50]发现,舆论作为外部驱动力对企业环境信息披露具有显著的影响,具体表现为媒体对企业的关注越多,则企业倾向于披露更多的正向环境信息。Kathyayini 等[51]的实证研究发现,外部监督和媒体关注都对上市公司的环境信息披露起到了非常重要的作用,具体表现为越来越多的上市公司选择披露环境信息,且环境信息在年度报告中所占比例存在一个向上的趋势。国内学者沈洪涛和冯杰[52]就舆论关注和政府监管对企业环境披露的作用机制进行了研究,他们发现舆论关注度有助于提升企业环境信息的透明度,且负面新闻施加的舆论压力使得这一作用更加显著;同时政府监管力度的加大对于提升企业披露水平也存在促进作用。

(二)政府

Alciatore 和 Dee[53]对美国石油公司的强制性环境披露研究表明,样本企业受到的监管压力增强(环境披露法规增加)时,其强制性环境信息披露表现也随之提升。同时,描述性分析也表明 20 世纪末美国石油公司没有在报告中充分披露与环境突发事件相关的信息。Bo 等[54]通过研究强制排放报告制度的出台对大型企业自愿披露环境信息的影响,发现法律规制对企业施加的合法性压力导致企业在更大程度上披露环境信息。Gary 等[55]的研究认为,政府监管力度和执法能力以及市场结构对企业环境信息披露水平起到决定性作用。Richard 和 Gray[56]认为,环境披露相关的法律体系的建设能够驱动重污染企业提高环境信息披露的积极性。

国内学者王建明[57]以沪市上市公司为样本,重点研究行业差异和外部环境制度压力如何影响企业的环境信息披露,检验结果表明相较于非重污染行业企业,重污染行业企业由于本身面临更大的监管压力,其环境信息披露水平通常更高。袁德利等[58]通过实证分析发现企业的国有股比例越高、融资贷款比例越高,则企业的环境信息披露质量越好。同样,他们的这项研究也发现,重污染行业企业的环境信息披露水平要高于其他行业。乔晗等[59]从企业碳信息披露的内在动机角度研究碳关税的征收是否能够驱动企业碳信息披露,研究结果表明:被征收碳关税国家的出口企业具有隐藏真实碳排放信息的动机。唐勇军等[60]认为,完善的法律法规有助于企业碳信息披露质量的提升,加大审计力度对碳信息披露质量的提升有着显著的作用。

(三)众多利益相关者

Lance[61]认为,企业进行环境信息披露是为了满足企业利益相关者的需求,如果企业未能及时披露环境信息或是信息造假被查,则企业会面临政府的行政处罚,还需要承担一系列的负面连锁反应:顾客拒绝购买其产品,撤销环保补助或者遭到其他社会团体的共同抵制,这不利于企业发展。Manuel 和 Carlos[62]的一项关于西班牙上市公司环境信息披露的研究表明,公司环境信息披露的实施与否和披露程度受到行业特征和印刷媒体关注的影响。具体而言,越是处于环境敏感型行业的企业,以及媒体报道越多的企业,它们会倾向于更积极的环境信息披露行为。Janelle[63]认为,法规遵从性、碳交易和管理、民间的监管问责等外部因素都在不同程度上对企业环境信息披露发挥了一定的作用。Luo 等[64]研究发现,碳信息披露的主要驱动力量来自公众和政府,投资者等其他利益相关者对于该信息披露的驱动效应并不明显。

国内学者王霞等[65]基于 A 股制造业上市公司的环境信息披露数据,重点研究公司受到的公共压力、社会声誉以及公司内部治理对环境信息披露行为的影响。实证结果表明:公共压力方面,来自环境监管部门、证监会、债权人以及同行业的压力会显著提高企业的环境信息披露程度;社会声誉方面,品牌知名度越高的企业有更好的环境信息披露表现;公司内部治理方面,股权集中度越高的企业有更好的环境信息披露表现。孟晓华和张曾[66]从 H 公司的环境污染事件入手,采用案例研究法,分析了各个利益相关者影响企业环境信息披露决策的作用方式,研究结论显示在中国情境下,环境监管部门、环保团体、媒体等间接利益相关者是促进企业实施良好的环境信息披露行为的核心利益相关者。李力等[67]从利益相关者理论和合法性理论出发对利益相关者能否驱动企业碳信息披露进行了研究,认为企业可通过加强与利益相关者的沟通来减少合法性压力,信息披露得越充分,沟通也就越顺畅充分,从而减小了来自利益相关者的合法性压力。

(四)其他

Cotter 和 Najah[68]认为,利益相关者是企业碳信息披露的重要驱动力。他们研究发现,有影响力的利益相关者,如机构投资者施加的压力与企业通过沟通渠道进行的气候变化信息披露成正比。苑泽明和王金月[69]以工业行业上市公司为研究对象,实证检验碳排放制度与行业差异性(是否为重污染行业)对企业的碳信息披露水平的影响。检验结果显示碳排放制度的颁布对企业的碳信息披露程度存在直接的促进作用,而重污染行业的属性则会进一步加强碳排放制度的确立对企业碳信息披露水平的影响。姚圣[70]构建了空间距离和同业模仿因素影响企业环境信息披露的理论模型。研究结果表明,企业通过模仿同业企业的环境信息披露行为、与监管部门保持一定空间距离的两种方式来应对企业面临的不断增强的外部公共压力。崔也光和马仙[71]基于上证社会责任指数成分股公司的碳排放公开数据进行实证检验,研究结果表明,中国上市公司碳排放信息的公开情况参差不齐、不容乐观。影响因素方面,公司的重污染行业性质和境外上市属性对公司的碳信息披露程度有明显的促进作用。研究者认为,重污染行业公司和境外上市公司由于受到更加严格的环境监管,因而在碳排放信息披露上表现得更为积极。

第三节 公共压力与环境信息披露

进入 21 世纪后,学者们就公共压力如何作用于环境信息披露的影响机制展开了广泛的研究。现行研究中大部分学者都认可公共压力对企业采取环境信息披露行为的驱动作用。但是由于不同文献中研究重点的不同,对于公共压力的构成和对于企业环境披露的影响机制存在一些差别,归纳总结来看,学者们普遍认为政府等上级管理部门施加的制度压力、媒体报道压力(尤其是负面报道)和投资者压力对于企业环境披露具有较大的推动作用。

Lance[72]认为,企业进行环境信息披露是为了满足企业利益相关者的需求,如果企业环境信息披露不及时或者造假,那么企业可能面临政府的行政处罚,并承担之后产生的一系列连锁反应:比如顾客拒绝购买其产品,撤销环保补助或者其他关心环境的团体的共同抵制,这不利于企业的发展。Donovan[73]对澳大利亚三家上市公司的年度报告披露情况进行案例分析,研究表明当企业面临来自上级管理部门和社会的合法性压力时,主动披露环境信息是一种行之有效的合法化策略,被用于获得、维持和修复企业的合法性地位。Cho 和 Patten[74]将企业受到的来自社会公众、管制机构、政治团体的关注与监督称为公共压力,并提出企业采取披露环境信息的行为就是为了应对公共压力。Muhammad 和 Craig[75]与 Evangeline[76]通过实证研究都发现新闻媒体的负面报道作为企业面临的社会压力,对企业的环境信息披露存在显著的正向影响。具体表现为当企业的负面报道增多时,企业为了缓解来自社会大众的舆论压力,会选择主动公开更多的环境信息以回应社会的需求。Huang 和 Kung[77]就利益相关者压力对企业披露策略的影响进行了实证研究,结论显示企业环境披露水平受到利益相关者的需求影响。其中,以政府、债务人和消费者为代表的外部利益相关者、以环保组织和会计师事务所为代表的中间利益相关者能够对环境披露程度的管理意图产生很大影响,以股东和员工为代表的内部利益相关者对企业环境披露施加了额外的压力。Kathyayini 等[78]基于 100 家澳大利亚上市公司环境报告的实证研究结果表明,上市公司股东中机构投资者的比例越高,公司环境报告的披露越规范,披露的信息越全面。研究者认为这是由于环境绩效信息已经成为机构投资者在评估融资风险时的一项重要参考指标。而上市公司为了满足机构投资者的信息需求,会相应地提升环境信息披露的比例和质量。Christopher 等[79]的一项澳大利亚上市矿业公司环境披露实践的研究表明政治压力的代理变量澳大利亚矿业委员会的成员身份是澳大利亚矿业公司进行自愿环境信息披露的最主要动机,这是由于成员公司必须采用由委员会制定的环境目标和标准。

袁德利等[58]以深圳证券交易所 2152 家上市公司作为样本,研究公共压力与公司环保信息披露质量之间的关系,其中公共压力由政府压力、股东压力、债权人压力以及社会公众压力构成。研究结果表明以国有股比例为代理变量的政府压力、以外资股比例为代理变量的股东压力和以银行贷款比例为代理变量的债权人压力对提升上市公司环保信息的披露质量存在显著的积极作用。沈洪涛和冯杰[52]的研究致力于解决企业环境信息披露的动机问题,基于合法性理论和议程设置理论,从政府的有效监管和媒体的舆论监督两个角度展开。研究结果显示媒体报道引发的公众关注可以明显提高企业环境信息的透明度,且负面新闻的作用会更加显著,而伴随着政府监管力度的加大,这一作用会更加明显。王霞等[65]从公共压力、企业声誉和企业的内部治理三个角度来研究影响企业环境信息披露水平的决定因素。学者们基于组织合法性理论,将公共压力界定为来自政府部门、债权人和行业的压力。Logit 分类评定模型和 OLS 模型的实证检验结果表明公共压力变量中,企业的重污染属性、国有股比例、银行贷款比例和行业内的年平均披露水平等因素都会影响企业选择是否进行环境信息披露;而企业的重污染属性、国有股比例和行业内的年平均披露水平则对于提升企业环境信息披露水平存在显著作用。这表明来自政府部门和行业间的公共压力是影响企业环境信息披露的决定性因素。吴勋和徐新歌[80]基于碳信息披露项目(Carbon Disclosure Project,简称 CDP)的中国企业数据,从公共压力视角研究驱动企业实施自愿性碳信息披露的影响因素。实证研究发现企业的重污染行业属性、控股股东持股比例、媒体关注度和媒体倾向性都能够显著影响企业自愿性环境披露的水平,也就是说由政府压力、媒体压力和股东压力构成的公共压力是影响企业实施环境信息披露的重要动因。姚圣[70]较为创新地运用理论建模的方式构建了空间距离与同业模仿对企业环境披露机会主义影响的短期和长期模型,分析结果表明与监管部门距离较远的企业借助本身的空间优势应对来自监管部门的外部公共压力,而不具备空间优势的企业则通过模仿同群企业的环境信息披露行为,来确保企业的合法性,以应对外部公共压力。这一研究对于企业在环境披露上如何应对公共压力的机理分析具有一定的理论贡献。李慧云等[81]以重污染行业上市公司为研究样本,重点考察公共压力对企业碳信息披露的影响机制。文章首先采用主成分分析法,构建了由股东压力、债权人压力、政府压力、媒体压力和社会声誉压力等五个指标组成的公共压力指数,然后分别就公共压力指数和五个压力指标对公司碳信息披露水平的影响进行实证检验。研究结果表明企业受到的整体公共压力越大,其碳信息披露表现就越好;其中股东压力、债权人压力和政府压力是影响企业碳信息披露决策的关键因素。贺宝成和任佳[82]创新地引入了公共压力的"诱发效应"和"抑制效应"来研究其对于企业环境披露操控的影响,理论分析和实证研究结论指出,外部压力束对于企业环境披露操纵行为存在"抑制效应",环境披露的真实性和规范性提升;内部压力束对于企业环境披露操纵行为存在"诱发效应",环境披露夸大、掺假的可能性上升。通过上述分析可知,大多数学者认可公共压力与企业环境信息披露之间存在显著的关系。

第四节　同群压力与环境信息披露

在公司治理领域中,企业受到的同群压力是指特定群体内一个或多个企业所采取的某一特定行为会促使其他企业也采取该行为,并最终形成组织间的模仿和趋同现象;针对这一现象,新制度理论认为各个组织通过模仿相同环境内其他组织的结构和行为,来获得"合法性"认同,从而减轻环境压力和组织动荡[83,84]。近年来,越来越多的企业开始披露环境和社会责任报告等非财务信息,国内外学者也开始对该领域的组织趋同现象加以关注,但相关的研究成果还乏善可陈。

Cormier等[38]运用经济激励、公共压力和制度理论等多理论视角来探讨企业环境披露的决定因素。通过对德国大型公司的实证研究发现,风险、所有权、企业规模等公司特征和惯例在很大程度上决定了德国企业的环境披露决策。之后,Cormier[85]又与其他学者合作发表了一篇重要文献,他们首次将新制度理论引入到企业环境披露的研究领域,就"企业环境报告的实施是通过社会比较过程得出的吗"这一问题展开研究。他们通过对加拿大、法国和德国三个国家中大公司的实证分析,发现公司的环境披露情况会受到行业内其他公司的影响,具体影响机制是一家公司对行业内其他公司环境披露的模仿取决于行业内其他公司相互模仿的趋势。他们进一步的分析还指出,这一模仿过程在高度集中的行业中会愈加明显,而外部强制因素和公司对金融资源提供者的依赖也会加强这一过程。之后的学者们也开始逐渐将新制度理论应用于环境披露等相关领域的研究中。Zeng 等[86]在关于中国企业环境披露影响因素的研究中指出,具备国有属性、环境敏感行业属性、较多进行环境披露的行业趋势以及企业声誉较好等因素的企业更有可能进行环境披露。Charl 等[87]对南非矿业上市公司的环境披露信息进行分析,并就大型公司和小型公司的披露内容进行比较研究,发现虽然公司的体量不同,但是两类公司在环境披露的格式上存在趋同。而研究者指出这一现象是由专业化驱动的规范同构现象造成的,例如当越来越多的公司选择遵循全球报告倡议组织(Global Reporting Initiative,简称 GRI)《可持续发展报告指南》的披露标准时,领域内公司的环境披露报告就会呈现出趋同。Chitra 和 Kumudini[88]以澳大利亚的矿业上市公司为样本,旨在研究利益相关者压力和合法性地位对企业实施 ESG 披露的影响。研究结果表明来自澳大利亚证券交易所和环境监管部门的强制性披露要求等强制性同构因素是影响矿业上市公司采取 ESG 披露的关键要素。

国内学者关于同群压力与环境信息披露的研究主要集中于近几年,早期学者们更多的是在借鉴国外文献的基础上展开相关研究。沈洪涛和苏德亮[89]是国内较早将新制度理论引入企业环境披露领域的学者。他们的研究旨在对企业环境信息披露中的模仿性同构现象及其形成机制进行检验。实证检验结果表明样本公司的环境信息披露行为存在趋同性,具体表现为大部分企业的披露水平都较低。学者们认为企业在环境信息披露上的趋同现象是源于企业之间的相互模仿,而其模仿对象主要是其他企业的平均水平。郝云宏等[90]、杨汉明和吴丹红[91]都先后基于新制度理论就制度压力如何影响企业社会责任信息披露及其影响路径构建了一个机制模型。他们认为由政府机构、行业协会、新闻媒介、消费群体、典范企业等构成的制度环境向企业施加制度压力,而制度压力又通过规制机制、规范机制和模仿机制的形式影响着企业的社会责任信息披露决策。之后的学者们更多地将新制度理论应用于实证研究中。张济建和毕茜[92]则从管理者的角度聚焦企业环境披露的模仿行为研究,研究认为国有和非国有企业管理者在环境披露的模仿行为中存在不同的模仿策略:国有控股企业的管理者倾向于模仿同行业中的领先者,具有竞争性;而非国有控股企业管理者则倾向于随大流,模仿行业平均水平。肖华等[93]以 A 股上市公司作为研究样本,探讨三种制度同形压力和高管特征如何影响企业的环境信息披露行为。研究表明来自政府监管部门的强制性同形制度压力和来自同行业企业的模仿性同形制度压力对提升企业的环境信息披露水平存在积极作用。这说明企业的上级管理部门所制定的法律规范以及行业内形成的有关环境信息披露的趋势是影响企业环境信息披露决策的主要动因。黄溶冰等[94]基于新制度理论分析了企业"漂绿"(环境信息披露的操纵现象)的同构机制,研究认为企业的"漂绿"行为存在地源性特征,即企业的环境信息操控明显受到地区内近邻企业做法的影响。有关产权性质的异质性检验结果表明相较于非国有企业,国有企业在环境信息披露方面的地区同构现象更加显著。这是因为国有企业更易受到制度环境的影响,其通过参照相同行政区内其他企业的行为,来调整自身策略以规避潜在的合法性风险。

第五节　企业环境信息披露的价值效应

了解企业环境信息披露的价值效应,有助于从企业内部激励角度来理解和分析企业的环境披露决策,因而众多的国内外学者在这一领域展开了研究,多数学者的研究成果表明企业积极履行环境披露义务有助于提升企业的财务绩效和企业价值。

一、企业环境信息披露与财务绩效

Russo 和 Fouts[95]、Trevor 和 Geoffrey[96]分别通过实证研究发现,企业的环境信息披露与企业财务绩效之间存在相互促进的关系。企业盈利能力的提高能够促进企业进行环境披露,同时企业良好的环境披露水平也正向影响企业财务绩效。之后的学者们也大多得到了一致的结论,并在此基础上做了更丰富、细化的研究。Sulaiman 等[97]进一步研究发现,企业绩效、环境绩效和环境信息披露之间呈现正相关关系。Vilanova 等[97]研究发现了企业声誉的中介作用,即企业环境信息披露水平提高,能够提升企业声誉,最终使得企业的财务绩效得到提升。Norhasimah 等[99]和 Nancy 等[100]的研究发现,高市值公司进行环境披露的内在动机是加强环境披露有助于企业声誉的塑造,保证他们在竞争中保持优势,进而提升企业的盈利能力。也有部分学者存在不一样的看法,如 Isabel 等[101]的研究就指出企业的环境披露水平与企业财务绩效存在负相关关系。那是因为企业参与低碳减排和披露环境信息直接导致了环境管理的成本上升,这削弱了企业盈利能力。

二、企业环境信息披露与企业价值

关于企业环境信息披露与企业价值之间的关系,Walter 等学者[102]在一项针对企业环境信息披露、金融分析师盈利预测和公共压力之间的动态关系研究中阐明了企业的环境信息披露如何影响企业价值的作用机制。公司自主发布环境信息相较于金融分析师和投资者自己收集公司的相关信息,效率更高成本更低。实证研究表明当企业更积极地披露环境信息时,分析师给出的收益预测也更精确。也就是说企业自主披露环境信息的行为有利于引导分析师对企业价值做出更为精准的判断。Chika 和 Tomoki[103]基于CDP 项目对企业环境信息披露与企业价值之间的关系进行实证研究,他们发现企业通过 CDP 项目披露环境信息的行为有助于提升企业价值。Marlene 等[104]通过探讨公司价值的组成部分(预期未来现金流和股权成本)与自愿环境披露质量之间的关系,进一步了解环境信息披露如何对企业价值产生不同的影响。实证研究表明企业披露正面或中性的环境信息时,会对企业的未来现金流和股权成本产生积极作用,进而促进企业价值的提升。虽然大部分学者都认可环境信息披露与企业价值之间存在正向关系,但也有小部分学者存在不一致的看法。Timo[105]基于瑞士的一项问卷研究数据,就企业环境管理对企业价值的影响进行研究,结果显示以过程为导向的代理变量(碳管理质量)与企业价值存在显著的负向关系,而以结果为导向的代理变量(碳强度)则与企业价值存在显著的正向关系。学者认为造成这一结果的原因是企业使用碳和排放碳的方式存在差异。Su 等[106]研究结果表明公司通过 CDP 披露碳信息会对其资本市场收益产生显著的负面影响,并且这种效应会即时发生;研究还发现经常性的碳沟通则会对碳信息披露的负面市场反应起到调节作用。

国内学者们关于企业环境信息披露的价值效应的研究起步较晚,主要集中在近几年。其中关于企业环境披露与财务绩效的相关研究乏善可陈,更多的学者们就企业环境披露对企业价值的影响展开研究。与国外研究结论不同的是,国内学者们关于两者之间的关系存在明显的不同意见。

(1)大部分学者们认为,企业环境信息披露与企业价值存在正相关关系。唐国平和李龙会[107]的研究指出,企业环境披露与企业价值之间存在显著的正相关关系,贺建刚[108]进一步补充造成这种关系的原因是企业积极主动并充分地披露环境信息可以降低投资者的不确定性,从而提升企业价值。张淑惠等[109]通过实证研究验证了环境信息披露能够提升企业价值的假设,并进一步探明预期现金流在企业环境披露对企业价值的促进过程中起到中介作用。高三元和蒋琰[110]的研究也得到了类似的结论:环境信息特别是碳信息披露与企业的市场价值具有显著的正相关关系,而且这种增强效果存在发展中国家比发达国家更加明显的情况。李雪婷等[111]的研究同样验证了中国企业良好的碳信息披露水平能够促进企业价值的提升。除此之外,他们的研究还显示由于高碳排放企业对气候变化风险的敏感性,其碳信息披露水平的变化对企业价值的影响更加明显。

(2)一部分学者认为企业环境信息披露与企业价值存在负相关关系。李正[112]、高建来和王有源[113]等多位学者的实证研究表明企业环境信息披露与企业价值呈负相关关系。学者们认为环境信息披露造成企业价值下跌的原因主要有两方面:一是企业实施环境信息披露需要额外的资金支持,二是对于重污染行业企业来说,环境信息披露得充分,可能会引发新的监管风险。

(3)另有部分学者认为企业环境信息披露与企业价值的关系不能一概而论,需要视具体的研究场景而定。刘志超和李根柱[114]从资本市场和产品市场两方面出发,研究碳信息披露对企业价值的影响。研究结果显示在资本市场,良好的信息披露水平有助于企业提升管理透明度,从而吸引投资者、提升企业价值。而在产品市场,由于企业的低碳化转型必然要牺牲一部分的利润,因此会导致企业价值的下跌。宋晓华等[115]则从短期经营成果和长期市场价值两个角度,来探讨碳信息披露对企业价值的影响。从短期经营成果来看,企业碳信息披露水平与企业价值之间的关系呈现"U"形变化。碳信息披露初期,有关碳信息管理的硬件和软件设施大量投入,消耗了一部分利润,使得企业价值降低;随着碳信息管理水平趋于成熟,企业价值也随即提升。从长期市场价值来看,企业的碳信息披露行为一方面有利于投资者的价值判断,另一方面有助于企业塑造环保形象,进而反映到价值提升中。成琼文和刘凤[116]关于环境信息披露对企业价值的影响研究也得到了类似的结论。

本章小结

国内外学者们有关企业环境信息披露的研究正经历一个由面及点、逐渐深入的过程。对此,本章分别从内容框架、驱动因素、公共压力、同群压力和价值效应五个方面对企业环境信息披露的先行研究成果进行了回顾。根据以上的文献梳理,发现目前对于利益相关者与环境信息披露关系的研究中存在以下几方面的不足,这为本书的展开提供了理论基础。

(1)企业环境信息披露的内容框架还没有在中国或是全球范围内形成一个统一的披露标准,因此公开的环境信息尚不能真实地反映企业环境管理的真实情况,这使得环境信息缺乏可比性和实用性。但在近20多年的研究历程中,企业环境信息披露的框架设计在内容上已实现了从单一环境会计财务指标到多维企业环境管理事项的转变,设计重心也由事后污染处置信息为主拓展到兼顾事前环境防治信息,主要表现为反应型环境信息披露和前瞻型环境信息披露两种类型。国内外学者们关于企业环境信息披露内容框架的探索,为下文环境信息披露水平指标的构建和变量选取提供了参考依据。

(2)国内外学者们主要从内部驱动因素和外部驱动因素两方面展开对企业环境信息披露的驱动因素研究。其中,影响企业环境信息披露的内驱动因素主要涉及公司的股权结构特征、董事会特征、管理者特征、企业规模、财务状况等方面。在考察企业环境信息披露的外驱动因素时,学者们主要从企业的利益相关者视角出发,考察媒体、政府、投资者、社会公众等利益相关者对企业环境信息披露的影响。但由于不同的研究背景和研究视角所致,学者们就同一利益相关者或不同利益相关者对企业环境信息披露的驱动作用存在分歧。因而,本书主要立足于企业的外部环境,就如何驱动企业环境信息披露的问题开展理论探索和实证研究。

(3)关于公共压力对企业环境信息披露的影响研究,学者们目前在公共压力的构成和对企业环境信息披露的影响机制上存在一定的分歧。首先,已有文献中关于公共压力的构成主要是基于单个或多个利益相关者,缺乏对公共压力的构成做整体性的考虑,这不利于全面地考察其对企业环境信息披露的影响。其次,学者们关于公共压力对企业环境信息披露的作用机制的研究还不够深入,比如缺乏对两者关系的限制条件的考察。中国国情的特点决定了政策导向对企业行为会产生较大的影响。然而,公共压力与企业环境信息披露行为之间的关系是否会受到国家政策的冲击这一研究角度,在现有文献中较少涉及。针对上述两方面的研究不足,下文通过构建包含政府环境规制、媒体关注度和机构投资偏好在内的公共压力集合,系统地考察公共压力影响企业环境信息披露的作用机理,并尝试从环境政策变化的视角来深入探索公共压力对企业环境信息披露的影响机制会受到何种条件的制约。

(4)关于同群压力对企业环境信息披露的影响研究目前处于起步发展阶段。国内外学者们,尤其是国内学者鲜有从模仿性趋同视角,来研究企业间的同群压力对企业环境信息披露的影响。现有文献中关于企业行为的同群效应研究多数还停留在揭示企业间模仿行为的存在性问题,关于模仿方式的研究还有待深入的探究。对此,本书将从理论分析和实证检验两条路径出发,就企业间的同群压力是否会影响企业环境信息披露以及通过何种方式来影响企业环境信息披露的问题进行探索。解决上述问题有助于了解企业环境信息披露模仿趋同的产生遵循何种规律,丰富了企业环境信息披露同群效应的研究范畴。

(5)关于企业环境信息披露的价值效应研究,学者们主要考察企业的环境信息披露对企业的财务绩效和企业价值的影响。首先,学者们大都认可环境信息披露对于企业的财务绩效有显著的正向影响。其次,在环境信息披露与企业价值的研究中,国内外学者们存在较大的分歧。多数学者认为环境信息披露与企业价值呈现正相关关系,也有学者得出两者呈负相关的结论,还有少数学者们认为企业环境信息披露与企业价值的关系需要视具体的研究场景而论。本书借鉴先行研究成果,另辟蹊径就企业环境信息披露的同群效应强度(模仿程度)对企业价值的影响进行探索。

第三章　企业环境信息披露驱动机制的理论分析

通过第二章的文献综述可知,学者们关于企业环境信息披露驱动问题的理论研究大多停留于理论层面的归纳总结,在研究方法的科学性上存在一定的局限性。对此,本章采用博弈论的思想,研究各利益相关者的行为对企业环境信息披露决策的影响机理。结构上,本章首先对与本书相关的组织合法性理论、利益相关者理论、公共压力理论和新制度主义理论进行综述;然后基于上一节的内容,分别对各个利益相关者与企业环境信息披露之间的作用关系进行分析,为下文将企业环境信息披露的驱动问题抽象为博弈语言提供理论基础;第三节分别通过构建静态博弈模型和动态博弈模型,考察了政府、媒体、机构投资者等利益相关者影响企业环境信息披露决策的作用机理。并通过借鉴经典的"智猪博弈"和"囚徒困境"模型,构建了企业和企业(竞争者)之间的博弈模型,对企业间的模仿趋同如何影响企业环境信息披露的决策进行理论分析。最后,通过对博弈均衡点的分析,挖掘出影响企业趋向于良好的环境信息披露行为的关键因素,并由此提出下文的研究假设。图 3-1 归纳了本书中利益相关者影响企业环境信息披露的作用路径。

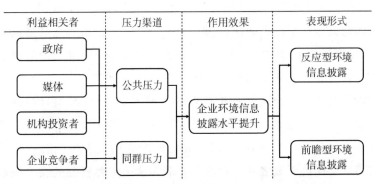

图 3-1　利益相关者影响企业环境信息披露的作用路径

第一节　理论基础

一、组织合法性理论

组织合法性理论最早于 20 世纪 60 年代由 Weber 提出,他将合法性作为一种社会学现象来加以研究,不过该时期的组织合法性理论更多地被运用于政治学。Weber[117] 在著作《经济与社会》中阐明统治的合法性来源于大众相信和赞同某个政权的普遍信念。Parsons[118] 则明确了"组织合法性"的概念,并将组织合法性理论的应用延伸到了更为广泛的领域,他认为组织合法性不仅适用于权力系统,也适用于社会学中组织价值观与社会价值观的一致性问题。具体来说,一个组织的合法与否在于其行为是否符合社会公众的普遍认知。之后的学者们进一步发展了"组织合法性"的概念,并将研究领域拓展至企业、非营利组织等管理学领域。这主要与当时美国、欧洲等西方国家普遍存在的以牺牲环境和社会责任为代价的经济发展模式有关。随着社会公众对于环境保护和社会责任意识的觉醒,越来越多的学者开始思考企业在社会价值体系中的存在基础。20 世纪 70 年代,组织合法性理论的框架逐渐明晰,学者们就组织合法性的概念给出了一个初步的定义,并就企业如何在实践中构建与利益相关者一致的价值体系进行了研究。代表学者 Maurer[119] 就"组织合法性"概念做了如下定义:"一个组织获取合法性的过程就是向其平行的或者是上级管理者表明自身具备合法的生存权利的过程"。

20 世纪 90 年代以后是组织合法性理论的形成阶段,学者们就组织合法性的基本定义进行了深入的探讨,其中 Suchman[120] 给出的定义受到了普遍认可,具体表述如下:在某个特定的社会建构下,若一个组织的规范、价值、信仰和行动受到了其利益相关者的认可或支持,则该组织具备合法性地位。随着学者们对于组织合法性理论体系的不断丰富细化,组织合法性理论主要衍生出了战略视角和制度视角两个研究方向。其中,战略视角更多地是基于管理者的角度给予诠释,持战略视角的学者们认为组织合法性是企业管理者可以支配的资源之一。管理者凭借对这一重要资源的投入来获取企业发展所需要的资金、技术、市场等其他资源。简而言之,组织的合法化过程就是管理者通过内部结构的调整或是组织行为改变等战略方式来获得利益相关者对于企业的合法性认可。从这个层面而言,组织合法性存在工具性特征。相反地,制度视角将组织合法性视为一种结构化的信念机制,更多的是基于社会角度来观察和监督组织的行为。组织所处的特定社会环境为合法性组织的存在和行为方式制定了规范,因此,为了获得自身的组织合法性,企业必须适应所在的外部制度环境来获得自身的组织合法性。比较两种视角,可以发现战略视角相对于制度视角而言,肯定了企业等其他组织在寻求组织合法性方面的主观能动性,因此在实践中战略视角的组织合法性理论对于组织管理者而言更具有指导意义。

进入 21 世纪以后,组织合法性理论进入了理论应用阶段,被广泛运用于解释企业行为和非营利组织管理等相关研究,比如在企业社会责任领域的应用。借鉴 Suchman[120]有关组织合法性的定义,企业的合法性存在需要外部社会认可企业的价值观和行为。而要实现这种认可,就需要企业通过合适的途径,比如年报披露或社会责任披露等方式来向公众展示企业价值观和社会价值观体系的一致性。在环境披露动机研究方面,Deegan 等[50]通过对一家澳大利亚公司 1983 年至 1997 年的社会和环境报告的研究发现,报告内容的主题和当地社区对特定社会和环境问题的关注存在正相关关系,且实验还发现这家企业的管理者通过发布积极的社会、环境信息来应对负面的媒体关注。以上结论证实公司会出于合法性动机向社会公众披露相关的社会责任信息。在组织合法性与企业环境披露策略的研究中,Tagesson[121]的一项研究表明,伴随着社会公众对于企业信息透明度需求的不断提高,企业网站上关于社会责任信息的披露已经成为年度财务报表之外另一个重要的信息发布渠道。实证结果还显示企业的经营成果如企业规模、盈利能力数据与企业发布的社会环境信息存在正相关关系。

二、利益相关者理论

利益相关者理论是由学者 Freeman 提出的一个适用于企业管理、战略管理的理论,20 世纪 80 年代开始在欧美学术界流行,对现代企业的管理方式、公司治理模式产生了较大影响。本书主要借鉴 Freeman[11]对利益相关者的经典定义:"利益相关者是指能够影响一个组织目标的实现,或是受到组织目标实现及其过程影响的个体或群体"。这一理论的兴起源于 20 世纪

50年代中期,当时企业的社会责任问题被学者们广泛地讨论。一些传统股东至上主义的学者们认为企业只需要考虑为股东创造经济利益,无须承担社会责任。若企业考虑利益相关者承担社会责任,只会增加企业的经营成本,从而降低企业自身的竞争力[122,123]。然而,这一套理论在公众日益加剧的社会环境责任诉求前显然是不适用的,直到利益相关者理论被提出。利益相关者理论有效地回答了企业是否应该承担社会责任、承担哪些社会责任和如何承担的问题。利益相关者理论表明管理者需要考虑到商业环境变化对于企业管理的重要作用,这些变化包括外部竞争环境、新产业关系、全球资源市场、政府改革、新兴消费者行为、通信技术的变革等等,而这些变化都与内部、外部利益相关者密不可分[124]。就企业和利益相关者的相互关系而言,企业的行为决策影响利益相关者的收益,同时企业的成长和发展自始至终受到不同利益相关者的制约。具体而言,企业需要债权人和股东提供原始资源,需要管理者和员工实现企业的正常运转,需要得到消费者和供应商的支持。企业作为社会的重要组成部分,不能独立于社会之外,它不仅要遵守国家的有关法律法规,而且要接受媒体和社会公众的监督。

学者们将利益相关者理论广泛应用于企业社会责任的动因研究。Michael[125]在阐明企业价值最大化和利益相关者理论之间的关系时,通过运用平衡计分卡(利益相关者理论的管理等价物),验证利益相关者理论可以帮助管理者更好地理解不同利益相关者价值的驱动因素,从而实现企业价值的增加。同时,平衡计分卡的运用在一定程度上弥补了利益相关者理论关于在各个利益相关者之间该如何权衡的缺憾。基于学者们的研究可知,利益相关者理论的运用有助于了解企业履行社会责任的动因,同时相关的研究成果也有力地反击了传统股东至上主义对于履行社会责任会降低企业价值的论点。

与此同时,学者们就如何对企业的利益相关者进行科学合理的界定和分类进行了讨论。他们认为解决这一问题有助于促进利益相关者理论在公司治理领域的应用和发展[126,127]。然而,由于研究角度的不同,学者们尚未就利益相关者的界定形成统一的标准。但大部分学者运用"多维细分法"和"米切尔评分法"来对企业的利益相关者进行科学分类[128,129]。Frederick[130]根据利益相关者对企业经营产生影响的方式,将利益相关者分为以股东、企业员工、债权人、供应商和竞争者为代表的直接利益相关者和以政府、社会团体、媒体、一

般公众为代表的间接利益相关者。之后，Wheeler 和 Maria[131] 将社会性维度
（与企业建立关系的方式是否直接通过人的参与而形成）引入分类标准中，并
得到以下 4 种分类：一是重要的社会性利益相关者，包括顾客、投资者、员工、供
应商、其他商业合伙人等；二是次要的社会性利益相关者，包括政府、社会团
体、媒体、社会公众、竞争对手等；三是重要的非社会利益相关者，包括自然环
境、人类后代等；四是次要的非社会利益相关者，如动物利益集团等。中国学
者陈宏辉和贾生华[132] 基于实地访谈和问卷调查数据，从中国企业的现实情况
出发，提出了一个具有实践意义的分类标准，帮助企业对利益相关者实施异质
化管理。两位学者从不同利益相关者对企业施加影响的主动性、对企业经营
发展的重要性和其利益需求的紧要性三个维度为标准，将 10 种利益相关者细
分为核心利益相关者、蛰伏利益相关者和边缘利益相关者三大类。从国内外
的研究成果来看，学者们虽然对企业利益相关者的界定和分类存在不一致的
看法，但大多都从与企业经营联系的紧密程度来对利益相关者进行划分。

三、公共压力理论

公共压力理论的相关研究最早起源于 20 世纪 70 年代，学者们最初认为
公共压力来源于文化环境、政治环境和法治环境，这三种非市场环境构成了
对组织的环境性压力。而这三种环境性压力分别通过群体价值观反映、法
令制定及执行的方式，对市场个体或组织产生压力冲突[133]。Patten[134] 通过
实证检验证明企业的自愿社会责任披露与公共压力显著相关，而与企业的
盈利能力无关，进而说明企业的社会责任披露用来解决企业在社会环境中
面临的风险。另外，该研究采用公司规模和所处行业作为公共压力的代理
变量。Darrell 和 Schwartz[22] 用 Exxon 公司 Valdez 油轮原油泄漏事件发生
作为外部公共压力的判断标准，并认为由于环境事件的发生会引起社会公
众的关注，因此会对环境事件发生的相关行业形成公共压力。具体来说，重
大环境事故所造成的公共压力对股市造成负面影响，而公共压力促使企业
提升碳信息披露水平。Clarke 和 Gibson[136] 研究企业社会责任信息披露与
公共压力的关系时，发现社会对企业的关注程度与企业信息披露质量有很
大的关系。

还有一部分学者进一步运用利益相关者理论来识别企业面临的公共压
力。Walden 和 Schwartz[22] 的研究认为，公共压力的产生是由企业行为与外

部利益相关者需求的不一致所造成的。中国学者吴新叶[137]则提出公共压力具有"检测权利主体对社会环境的适应、回应、责任、预测与控制能力的功能"的观点。Cho 和 Patten[74]将社会公众、管制机构、政治团体等出于对某一事物的担心与关注定义为公共压力,并且认为企业采取披露环境信息的行为是为了应对这一种压力。这一观点也在中国学者的研究中得到验证。如吴伟荣和刘亚伟[138]在检验公共压力与审计质量关系时,将媒体监督与政府监督、法律环境纳入压力源分析框架。而 Bebbington 和 Larrinaga[139]关于公共压力与企业碳信息披露的研究,将公共压力的来源拓展至企业内部和外部。在此基础上,贺宝成和任佳[82]从企业的外部压力和内部压力两方面构建了一个"公共压力束"。其中,外部压力包括企业面临的法律规制、环保督查和公众舆论关注等压力,内部压力包括由环境规制引发的环境绩效不佳、业绩下滑、绿色融资约束等压力。有关公共压力与企业环境披露操作的实证检验表明,外部压力能够抑制信息披露操纵,而内部压力则诱发企业的信息披露操纵行为。通过归纳总结以上研究成果可知,从企业的利益相关者角度识别企业面临的公共压力已经成为主流的研究方向,且公共压力理论适用于有关企业社会责任领域的相关研究。

四、新制度主义理论

新制度主义理论在组织社会学中的应用始于 20 世纪 70 年代,在这之前的组织理论认为,应从组织内部环境的需要来认识组织行为和组织现象。而新制度主义理论的核心观点则认为,企业需要同时面对组织内部的技术环境和组织外部的制度环境。技术环境要求组织遵循效率机制,制度环境要求组织遵循合法性机制。其中,技术环境主要是指企业用以生产活动的设备工具等硬件设施、员工的技能知识和工作对象的特征等,而制度环境是指一个组织所处的法律制度、文化认同、社会规范等受到共识的社会事实。总体来说,新制度学派认为企业的行为除了受到组织内部环境的影响,也会受到外部制度环境的影响,企业是一种制度化的组织。

在新制度主义理论的发展历程中,有不少学者做出了重要的理论贡献。Zucker[140]在组织社会学研究中首次引入新制度主义理论,鉴于传统制度化无法解释文化持久性,他引入了高度制度化(客观和外部的行为模式)的概念,通过三个独立实验验证,结果表明,随着高度制度化程度的提高,文化理解的代际一致性更强,文化理解的维持力也更强,同时对文化理解变化的抵抗力也越大。之后,Meyer 和 Rowan[83]基于制度角度对组织制度的趋同现象进行了解释。现代社会中,正式组织结构的扩展和复杂性不断增加,组织有必要通过制度同构的方式来获得合法性、资源、组织稳定性和生存前景,这篇论文奠定了新制度学派在组织社会学研究中的基础。DiMaggio 和 Powell[141]进一步对组织的制度同构(institutional isomorphism)现象进行分析,研究显示当一群组织以一个领域的形式出现时,理性的管理者会尝试改变组织结构并使他们的组织越来越相似,而导致这种制度同构的三种机制包括强迫性机制(coercive)、模仿机制(mimetic)和规范性机制(normative)。这一研究成果在很大程度上推进了新制度主义理论的发展。之后,新制度学派的学者们开始基于实证研究层面对制度环境下的合法性和组织的制度同构现象进行验证。Tolbert 和 Zucker[142]的经典论文以美国公务员制度改革的扩散为研究主题,研究发现早期的公务员体制改革由于没有受到州政府的支持,体制改革的扩散速度缓慢,且扩散程度与城市特征相关,比如改革在改革动力较大(移民多、中产多)、阻力较小(管理范围窄、城市年龄小)以及推广较容易(城市规模小)的城市更容易推行。而后期,公务员体制改革在受到州政府的支持后,得到了迅速的推广和实施。这一项研究有力地证明了组织的外部制度环境对于组织行为具有很大的影响,且组织对于政策或计划的采用和反应很大程度上取决于该措施的制度化程度(合法化程度)。

除此之外,学者们将新制度主义理论应用于企业履行社会责任方面的研究。在新制度主义理论框架下,国内外学者将企业履行社会责任及公开社会责任信息看作是企业在外部环境的制度压力下获得组织合法性的一种符号性行为[143]。而关于企业受到的制度压力的作用路径和来源,学者们则从不同研究视角进行了验证。通过归纳总结相关文献可知,制度的关键要素被不同社会理论家先后确定为规制性(regulative)、规范性(normative)和文化-认知性(cultural-cognitive)要素。其中,制度的规制性是指具有明文规定的法律、法规和章程等。其特点是具有强制性,甚至可以用暴力手段进行强制约束。组织或个体若违反规制性制度,必然会受到严厉的惩罚,以确保规制性制度的实施。制度的规范性,主要表现为具有一定标准的程序规范、价值观等,主要作用于约束组织及其成员按照一定的规范标准,朝着既定的目标做出符合角色特点的行为。主要包括共同的信念、价值观以及内化于人们心中的惯例等。制度的文化认知性突出表现为自律性，它是一种已经融入文化层面的更深层次的制度，主要通过文化认同，价值认同来实现[144]。中国学者基于新制度主义理论，针对制度压力的三个关键要素对企业经营管理的影响进行了广泛的研究。李彬等[145]通过对中国旅游企业高管的调研数据进行实证研究发现，规范压力（行业中的主导价值观和默认的行为规范）对企业履行社会责任的影响程度最大，认知压力次之，而规制压力反而最小。他们认为这个结果可能与当时中国有关企业社会责任履行的法律法规等正式制度的缺失有关。邓理峰和张宁[146]在关于企业报道与公众对企业认知度的相关性研究中发现，相较于企业正面报道的影响，媒体关于企业的负面报道会显著影响公众对该企业的负面感知，所以媒体施加的压力在一定程度上对企业履行社会责任起到监督作用。徐建中等[147]基于新制度主义理论和高阶理论，就制度压力（规制压力、规范压力和模仿压力）对企业绿色创新实践的影响机理进行实证检验，研究结果表明规制压力与绿色创新战略呈倒 U 形关系，而模仿压力与绿色创新活动呈倒 U 形关系。且高管的环保意识对制度压力与绿色创新战略之间的关系起到正向促进作用。他们的研究说明企业的绿色创新实践既受到制度压力（制度因素）的影响，也受到高管环保意识（非制度因素）的影响。

第二节　利益相关者对企业环境信息披露的作用分析

通过第二章的文献综述可知，目前有关企业环境信息披露的驱动研究中，学者们多以"基于文献的理论分析——实证检验"的研究模式为主，然而在这一研究模式中，学者们通常会依据已有研究成果或历史数据，来提出研究假设并进行检验。这一研究过程难免会受到研究者主观意识和数据可得性的限制，而造成结论失真的问题。另外，企业在生产和经营过程中造成的环境污染问题具有显著的外部性特征，治理企业环境披露问题牵涉到企业的多个内部和外部利益相关者。所以，本书研究的企业环境信息披露的驱动机制问题，事实上是多个利益相关者之间利益诉求的相互博弈，比如政府和企业之间、媒体和企业之间、机构投资者和企业之间、企业和企业之间等等。运用博弈分析方法,能够最大限度地还原企业的环境披露与各个利益相关者之间的决策过程,有助于识别影响企业环境信息披露的驱动因素。

博弈分析方法是研究不同博弈主体的行为在发生直接相互作用时的决策以及决策均衡问题的一种分析方法。不同博弈主体为了达到各自的目标,需要考虑对手的各种可能的行动方案,并力图选择对自己最有利或最合理的行动方案。近年来,博弈分析方法也被学者们应用于企业环境披露方面的相关研究中。姚瑶和周密[148]认为现有的环境会计信息披露研究中,忽视了企业和政府信息供求双方的微观利益及内在效用,而这也是导致我国的环境披露进程发展较缓的原因。他们的研究以信息供求双方的内部效用为逻辑起点进行博弈分析,提出从短期和长期两方面激励企业环境披露的建议。王建明等[149]基于完全信息下的静态博弈模型分别研究企业与所有者、企业与政府,以及企业与社会公众关于环境信息披露的供需问题。通过博弈模型的分析可知,相关机制的建立有助于达到相关人不审计、企业完全公允披露环境信息的"帕累托最优"状态。同时,他们指出目前国内环境披露存在内容不完整、缺乏可比性的问题,应该归因于引导企业进行公允披露的机制还未能建立。贾敬全等[150]构建了政府监管部门和公司的两方环境信息披露演化博弈模型,通过对博弈稳定状态的结果进行分析,他们认为环境信息披露监管的最优状态与公司进行环境信息披露的成本、政府的监管成本和处罚力度等因素密切相关。杜建国等[151]采用演化博弈理论,研究有限理性的公众投资者如何影响企业的环境信息披露。他们通过均衡点分析和仿真分析进一步讨论了使系统趋向理想状态的条件:企业声誉和违规行为处罚的增加使得系统趋于理想状态(公众投资者购买上市公司股票和上市公司按要求披露环境信息);相反地,有关部门监管不力、处罚力度过低以及环境信息披露成本过高等原因均会导致系统向非理想状态演化。张凯泽等[152]构建了一个政府部门监管和企业环境披露行为交互过程的演化博弈模型,并在其中纳入了媒体的社会监督作用。通过演化稳定策略分析和仿真分析,他们指出在环境信息披露过程中,媒体监督对企业和政府的策略选择产生重要影响。加大媒体监督力度可以督促企业进行环境信息披露和提高政府监管效率,但媒体监督力度过大又会弱化政府监管效力。因此,政府在完善媒体监督机制、加大媒体监督力度的同时也要提升自身监管水平。

本书运用博弈分析方法,从理论层面探究利益相关者影响企业环境披露决策的作用机理。下文中,通过构建多个博弈模型就政府、媒体、机构投资者以及同群企业如何影响企业的环境披露决策进行研究,并进一步挖掘出驱动企业环境信息披露趋近于理想状态的关键因素。

一、政府的驱动作用

组织合法性理论表明企业合法性地位的获得来源于其同行和上级系统对其组织行为的认可和支持。在我国,一个企业的成立首先要获得政府颁发的营业执照,这就是对一个企业合法性存续的认可。从这个角度而言,企业对政府的合法性依赖是最高的,所以政府对企业施加的合法性压力也是最强的。同时,政府通过法律法规的颁布、监管措施的实施不断地对企业的合法性经营进行核实。若企业没有遵守政府的环境披露规定,则要受到行政处罚。所以,企业为了避免发生合法性危机,就需要按照政府规定如实地公开环境信息。

然而上市公司的环境信息披露决策实质上是企业社会责任履行的表现之一,从中国 CDP 项目的数据来看,只有极少数希望通过环境信息披露来塑造环境友好型企业形象的优质企业会选择自觉披露环境信息。所以说,中国的上市公司正在经历一个从自愿披露环境信息到强制披露环境信息的过程。而在这一过程中,有良好的环境行为的企业愿意披露真实的环境信息;而其他企业出于自身利益最大化的动机,会尽可能降低环境披露所需要的成本,瞒报漏报环境信息的现象屡见不鲜,这就造成了政府监管部门和上市公司之间的信息不对称[153]。基于此,下文构建企业与政府监管部门之间的博弈模型,进一步探索如何通过政策手段引导企业公开真实的环境信息,达到博弈的理想状态。

二、媒体的驱动作用

政府的监管是促进企业进行环境信息披露的重要因素。随着我国市场经济的蓬勃发展,20 世纪 90 年代至今仅上市公司的总数就经历了 514 倍的增长。由于有限的人力物力和较高的技术难度,政府对众多公司的监管难以面面俱到。因此,需要借助外部力量来对企业的环境披露行为形成及时、有效、全面的监督。媒体,尤其是主流媒体具备对社会公众的舆论引导功能,因而能够通过发布有关企业的报道来形成对企业的舆论压力。有关企业的正面报道和评价有助于提升企业形象,而负面报道则会在很大程度上影响企业的声誉,并进一步影响投资者决策。企业为了避免面临舆论压力,会尽可能地真实地披露环境信息。从这个意义上来说,媒体的舆论引导作用能够在一定程度上促进企业真实地披露环境信息。

在中国国情下,媒体更多的是充当企业和政府之间的第三方监督角色。媒体受到自身监督权利、职能以及一些潜在风险的限制,既不能像政府监管部门一样依法对企业进行监督,也不能像证券公司、会计师事务所等中介机构一样直接参与到上市公司的审计和监督的环节中。所以,媒体在企业环境信息披露中的主要作用是通过媒体的社会影响力来监督公司的环境信息披露行为,通过将公司信息披露不规范的问题进行曝光,提高披露不规范被查出的概率,从而弥补了政府部门的一部分监管不足。另外,媒体作为"社会公器",在与企业关于环境信息披露的博弈中,主要诉求是社会效益的最大化,这与政府监管部门的诉求是一致的。且相较于其他利益相关者而言,媒体并不是企业的直接利益相关者,也难以对企业环境披露的违规行为进行直接处罚。所以,本书借鉴张凯泽等[152]的研究,在构建政府和企业关于环境信息披露决策的静态博弈模型中,引入媒体监督视角,进一步考察媒体对企业环境信息披露的监督作用。

三、机构投资者的驱动作用

这里主要从机构投资者的两个特点出发,来阐述机构投资者如何驱动企业的环境信息披露决策。首先是集合投资的规模性。机构投资者大多是从分散的投资者手中筹集资金进行证券投资活动。由于资金规模庞大,上市公司的前十大股东之列中必有机构投资者的身影。大股东身份使得机构投资者能在一定程度上影响企业的经营、治理和管理决策。比如说,当一家上市公司未能按照机构投资者的意愿真实地披露环境信息时,机构投资者很有可能会因为对企业发展前景的担忧而选择减持或者清仓股票,公司股价将面临一定幅度的下跌,形成公司公允价值下滑。为了避免这一情况的发生,上市公司会倾向于满足机构投资者的要求,真实地公开环境信息。其次是代客理财的中介性。机构投资者用以证券投资的资金中有很大一部分是来源于其客户。所以机构投资者的职责是在确保资金收益的基础上最大限度地降低投资风险,这使得长期的价值投资机构一般不会追求短、频、快的交易风格,而是倾向于在一个长周期中获得稳健的收益,这也有利于机构投资者维护自身的市场地位。而要确保一个相对稳定的收益,就需要机构投资者凭借上市公司公开的信息来做出专业的投资判断。若企业在环境信息公开上存在虚报行为,机构投资者会因此而承担风险。所以,机构投资者会要求公司务必真实地披露环境信息。基于以上分析,本书构建机构投资者和企业之间的博弈模型,进一步从博弈分析的角度探索机构投资者如何凭借资金规模优势驱动企业真实披露环境信息。

第三节 利益相关者与企业环境信息披露决策的博弈分析

一、政府和企业的博弈

(一)模型假设

假设 3-1:博弈参与方政府和企业都符合有限理性人假设,即企业和政府的环境监管部门(简称为环境监管部门)的行为选择都遵循自身利益最大化的原则。

假设 3-2:环境监管部门的战略空间为监管和不监管;企业的战略空间为如实披露和虚假披露,其中虚假披露包括不披露、选择性披露和伪造披露。

假设 3-3:当企业存在虚假披露行为时,环境监管部门有能力予以识别。

根据以上假设,得到政府和企业两方静态博弈的策略组合集:{(如实披露,监管)、(如实披露,不监管)、(虚假披露,监管)、(虚假披露,不监管)}。表 3-1 是上述四种策略组合的收益矩阵。政府和企业博弈模型的收益矩阵中参数的含义如表 3-2 所示。

表 3-1　政府和企业博弈模型的收益矩阵

		企业	
		如实披露	虚假披露
政府	监管	$-C1,-C2+R2+R3$	$-C1+R1,R2-F2$
	不监管	$0,-C2+R2+R3$	$-\lambda F1,R2-\lambda F2$

表 3-2　政府和企业博弈模型的参数说明

参数	含义
p	企业选择如实披露环境信息的概率为 p;反之选择虚假披露环境信息的概率为 $1-p,0\leqslant p\leqslant 1$
q	环境监管部门认真履行监管职责的概率为 q;反之未履行监管职责的概率为 $1-q,0\leqslant q\leqslant 1$
λ	媒体发现并曝光企业虚假披露环境信息的概率,$0\leqslant\lambda\leqslant 1$
$C1$	环境监管的成本:当环境监管部门选择对企业进行监管时,收益将减少 $C1$
$C2$	企业披露的成本:当企业如实披露环境信息时,收益将减少 $C2$
$R1$	环境监管部门检查到企业虚假披露行为后,获得的政府声誉奖励、政绩奖励等收益
$R2$	企业在正常运转的情况下获得的收益
$R3$	当企业按照监管要求如实进行环境信息披露时获得的收益,如企业声誉的提升、投资者青睐等
$F1$	环境监管部门未履行监管职责,且企业虚假披露行为被媒体曝光后,政府受到的行政处罚和声誉损失
$F2$	环境监管部门或媒体发现上市公司虚假披露时,企业受到的惩罚,如政府处罚、声誉损失和投资者不投资或撤回投资等损失

(二)模型分析

$$\begin{cases} -C2+R2+R3 < R2-F2 \\ -C2+R2+R3 < R2-\lambda F2 \end{cases} \qquad (3\text{-}1)$$

计算公式(3-1),可得

$$\begin{cases} C2 > R3 + F2 \\ C2 > R3 + \lambda F2 \end{cases} \quad (3\text{-}2)$$

通过对表 3-1 收益矩阵的分析可知,当 $-C1+R1 < -\lambda F1$ 时,不监督成了环境监管部门的优势策略,此时博弈的均衡结果是(不监督,虚假披露),该结果说明出现了地方保护主义的情况,监管部门选择不作为,与企业合谋,监管失灵。此时,若满足 $C2 > R3 + F2$,则虚假披露的期望收益始终高于如实披露的期望收益,虚假披露就成了企业的优势策略,无论监管部门是否进行监督治理,企业总是会选择虚假披露,这就出现了监管失效的情况。所以只有当 $R1 + \lambda F1 > C1$ 且 $R3 + \lambda F2 < C2 < R3 + F2$ 时,该博弈才是一个混合博弈。

(三)模型求解

当博弈双方达到纳什均衡的状态,任何一方都不愿意改变自己的策略。所以对于企业而言,当企业如实披露环境信息的期望收益 U_1 和虚假披露环境信息的期望收益 U_2 相等时,企业达到纳什均衡。由此可得

$$\begin{cases} U_1 = q(-C2+R2+R3) + (1-q)(-C2+R2+R3) \\ U_2 = q(R2-F2) + (1-q)(R2-\lambda F2) \\ U_1 = U_2 \end{cases} \quad (3\text{-}3)$$

同理,对于环境监管部门而言,当其履行监管职责的期望收益 V_1 和不履行职责的期望收益 V_2 相等时,环境监管部门达到纳什均衡。由此可得

$$\begin{cases} V_1 = p(-C1) + (1-p)(-C1+R1) \\ V_2 = (1-p)(-\lambda F1) \\ V_1 = V_2 \end{cases} \quad (3\text{-}4)$$

分别计算式(3-3)和式(3-4)可得,该博弈的纳什均衡解如式(3-5)所示,它的经济含义是当环境监管部门以 q^* 的概率进行环境监督,而企业以 p^* 的概率披露环境信息时,博弈双方就达到了均衡状态。

$$\begin{cases} q^* = \dfrac{C2-\lambda F2-R3}{(1-\lambda)F2} \\ p^* = 1 - \dfrac{C1}{\lambda F1+R1} \end{cases} \quad (3\text{-}5)$$

(四)分析结论

对于环境监管部门而言:

（1）在 λ、F2、R3 不变的情况下，企业的环境信息披露成本 C2 越大，环境监管部门进行环境监管的概率 q 随之增加。企业环境披露成本的增加意味着披露难度的增加或是企业收益的减少，在这种情况下，企业会更倾向于虚假披露，那么政府的监管力度就会相应加大。

（2）在 λ、C2、R3 不变的情况下，企业虚假披露时受到的惩罚 F2 越大，环境监管部门进行环境监管的概率 q 随之减少。"重罚之下必有畏者"，当企业的违法成本上升时，会更倾向于如实披露，那么政府的监管力度也会相应减弱。

（3）在 λ、C2、F2 不变的情况下，企业因如实披露获得的收益 R3 越高，环境监管部门进行环境监管的概率 q 随之减少。对于上市公司而言，企业的社会声誉和投资者青睐可能对其短期和长期的市值波动产生一定的影响。因而，当社会公众和投资者对于企业良好的环境表现给予的正向回馈越多时，企业会更倾向于如实披露，政府的监管力度也就相应减弱。

（4）在 C2、F2、R3 不变的情况下，媒体曝光企业虚假披露的概率 λ 越大，环境监管部门进行环境监督的概率 q 随之增加。当媒体对企业的环境监管问题关注度越高时，环境监管部门也会相应受到越强的媒体舆论制约，因而监管部门需要通过"勤政"来应对媒体的监督压力，以免政府形象受损。

对于企业而言：

（1）在 λ、F1、R1 不变的情况下，政府环境监管的成本 C1 越高，企业如实披露环境信息的概率 p 随之减小。当环境监管成本上升时，政府进行环境监管的密度必然会降低，那么企业虚假披露被发现的可能性就会降低，此时企业会倾向于虚假披露。

（2）在 λ、C1、R1 不变的情况下，环境监管部门失职时受到的惩罚 F1 越高，企业如实披露环境信息的概率 p 随之增大。当工作失职的问责变严时，环境监管部门有更大的动力从严监督企业的环境披露问题，则企业虚假披露被发现的可能性就会上升，企业会倾向于如实披露。

（3）在 λ、C1、F1 不变的情况下，环境监管部门有效监督时获得的奖励 R1 越高，企业如实披露环境信息的概率 p 随之增大。当监管部门因为突出工作而受到的政治奖励增加时，他们具有趋上的动力去认真监督企业的环境披露行为，所以企业会倾向于选择如实披露。

（4）在 C1、F1、R1 不变的情况下，媒体曝光企业虚假披露的概率 λ 越大，企业如实披露环境信息的概率 p 随之增加。媒体介入后,环境监管部门与企业可能存在的合谋行为变得可见,监管部门也会被迫承担失职的惩罚和舆论压力。这就促使环境监管部门要认真履职,所以企业会倾向于选择如实披露。

二、机构投资者和企业的博弈

(一)模型假设

假设 3-4:博弈参与方机构投资者和企业都符合有限理性人假设,即机构投资者和企业的行为选择都遵循自身利益最大化的原则。

假设 3-5:机构投资者的战略空间为投资和不投资;企业的战略空间为如实披露和虚假披露。

假设 3-6:当企业存在虚假披露行为时,环境监管部门有能力予以识别。

根据以上假设,得到机构投资者和企业两方静态博弈模型的策略组合集:{(如实披露,投资)、(如实披露,不投资)、(虚假披露,投资)、(虚假披露,不投资)}。表 3-3 是上述四种策略组合的收益矩阵。收益矩阵中参数的含义如表 3-4 所示。

表 3-3　机构投资者和企业博弈模型的收益矩阵

		企业	
		如实披露	虚假披露
机构投资者	投资	$-I2+E3, -I1+E1+E2$	$-I2+E3', E1+E2-\alpha L2$
	不投资	$0, -I1+E1$	$-L4, E1-\alpha L2-\alpha L1$

表 3-4　机构投资者和企业博弈模型的参数说明

参数	含义
x	企业选择如实披露环境信息的概率为 x;反之选择虚假披露环境信息的概率为 $1-x, 0 \leqslant x \leqslant 1$
y	机构投资者购买上市公司股票进行投资的概率为 y;反之不进行投资的概率为 $1-y, 0 \leqslant y \leqslant 1$
α	监管部门发现企业虚假披露环境信息的概率,$0 \leqslant \alpha \leqslant 1$

参数	含义
$I1$	企业披露的成本:当企业如实披露环境信息时,收益将减少 $I1$
$I2$	机构投资者的调查成本,即机构投资者获得企业披露信息情况的成本或代价
$E1$	企业在正常运转的情况下获得的收益
$E2$	机构投资者购买公司股票的行为为公司带来的融资收益
$E3$	机构投资者在做出投资决定的情况下获得的收益
$E3'$	机构投资者在做出投资决定的情况下获得的收益 (由于企业的虚假披露行为给机构投资者带来了潜在损失,$E3'<E3$)
$L1$	企业虚假披露被处罚后,机构投资者选择不投资时,给企业带来的利益损失
$L2$	监管部门对企业虚假披露环境信息的处罚
$L4$	企业的虚假披露行为对市场造成的冲击,负面影响为 $-L4$

(二)模型分析

$$\begin{cases} -I2+E3<0 \\ -I2+E3'<-L4 \end{cases} \tag{3-6}$$

$$\begin{cases} -I1+E1+E2<E1+E2-\alpha L2 \\ -I1+E1<E1-\alpha L2-\alpha L1 \end{cases} \tag{3-7}$$

分别计算公式(3-6)和公式(3-7),可得

$$\begin{cases} I2>E3 \\ I2>E3'+L4 \end{cases} \tag{3-8}$$

$$\begin{cases} I1>\alpha L2 \\ I1>\alpha L2+\alpha L1 \end{cases} \tag{3-9}$$

通过对表 3-3 收益矩阵的分析可知,当 $I2>E3$ 和 $I2>E3'+L4$ 同时满足时,不投资成了机构投资者的优势策略,无论企业是否真实公开环境信息,机构投资者都会选择不投资。同样地,当满足 $I1>\alpha L2+\alpha L1$ 时,虚假披露成了企业的优势策略,无论机构投资者如何选择,企业总是会选择虚假披露,则机构投资者难以获得真实可靠的环境信息。所以,只有同时满足 $I2$ 介于 $E3$ 和 $E3'+L4$ 之间,且 $\alpha L2<I1<\alpha L2+\alpha L1$ 时,该博弈才是一个混合博弈。

（三）模型求解

当博弈参与方达到纳什均衡的时候，任何一方都不愿意改变自己的策略。所以对于企业而言，当企业如实披露环境信息的期望收益 A_1 和虚假披露环境信息的期望收益 A_2 相等时，企业达到纳什均衡。由此可得

$$\begin{cases} A_1 = y(-I1 + E1 + E2) + (1-y)(-I1 + E1) \\ A_2 = y(E1 + E2 - \alpha L2) + (1-y)(E1 - \alpha L2 - \alpha L1) \\ A_1 = A_2 \end{cases} \quad (3\text{-}10)$$

同理，对于机构投资者而言，当选择投资的期望收益 B_1 和不投资的期望收益 B_2 相等时，机构投资者就达到纳什均衡。由此可得

$$\begin{cases} B_1 = x(-I2 + E3) + (1-x)(-I2 + E3') \\ B_2 = -L4(1-x) \\ B_1 = B_2 \end{cases} \quad (3\text{-}11)$$

分别计算式（3-10）和式（3-11）可得，该博弈的纳什均衡解如式（3-12）所示，它的经济含义是当企业以 x^* 的概率披露环境信息，而机构投资者以 y^* 的概率进行投资时，博弈双方就达到了均衡状态。

$$\begin{cases} x^* = 1 - \dfrac{I2 - E3}{L4 + (E3' - E3)} \\ y^* = 1 - \dfrac{I1 - \alpha L2}{\alpha L1} \end{cases} \quad (3\text{-}12)$$

（四）分析结论

对于企业而言：

（1）在 $E3$、$E3'$、$L4$ 不变的情况下，机构投资者获得企业披露情况的成本 $I2$ 越高，企业如实披露环境信息的概率 x 就越低。机构投资者获得信息的成本变高时，其对企业进行环境披露监督的可能性就会相应降低，那么企业就会倾向于选择虚假披露。

（2）在 $E3$、$E3'$、$I2$ 不变的情况下，企业的虚假披露行为对市场造成的负面冲击 $L4$ 越大，企业如实披露环境信息的概率随即上升。当企业的虚假披露行为对市场的负面影响较大时，若有企业仍然铤而走险为之，很有可能会承担投资者的信心损失甚至波及整个行业人人自危。在这种情况下，企业会倾向于如实披露。

（3）在 $L4$、$I2$ 不变的情况下，机构投资者由于投资了存在虚假披露行为

的企业而面临的潜在损失 $E3' - E3$ 越高,企业如实披露环境信息的概率 x 就越低。造成这种结果的原因可能是企业认为自身的环境披露政策并不是影响机构投资者做出投资决策的决定性因素,因此企业更倾向于成本更低的虚假披露。

对于机构投资者而言:

(1)在 $L2$、$L1$、α 不变的情况下,企业如实披露环境信息的成本 $I1$ 越高,机构投资者进行投资的概率 y 会随之降低。当披露成本很高时,企业进行如实披露的可能性就会降低,那么机构投资者有很大的概率会面临潜在的环境风险。为了避免这一情况的发生,机构投资者就会尽可能地减少投资。

(2)在 $I1$、$L1$、α 不变的情况下,监管部门对企业虚假披露环境信息的处罚 $L2$ 越高,机构投资者进行投资的概率 y 会随之上升。重典之下,鲜有企业愿意冒着重罚的风险来实施虚假披露,那么机构投资者承担潜在环境风险的概率也会降低,所以机构投资者会倾向于投资。

(3)在 $I1$、$L2$、$L1$ 不变的情况下,监管部门发现企业虚假披露环境信息的概率 α 越高,机构投资者进行投资的概率 y 会随之上升。当企业的虚假披露行为被查的概率增加时,企业面临处罚的可能性就上升了,所以企业虚假披露的可能性就会降低。机构投资者承担潜在环境风险的概率也会降低,所以倾向于投资。

(4)在 $I1$、$L2$、α 不变的情况下,机构投资者由于企业虚假披露选择不投资给企业带来的利益损失 $L1$ 越大,机构投资者进行投资的概率 y 会随之上升。企业对机构投资者存在资源依赖,$L1$ 越大,就意味着企业对机构投资者的资源依赖性越强,机构投资者就有更大的权力影响企业的环境披露决策。在这种情况下,企业会选择按照机构投资者的要求来如实披露环境信息,机构投资者的需求得到满足,就会更有可能投资该企业。

三、政府、机构投资者和企业博弈

(一)模型假设

假设 3-7:博弈参与方为政府、机构投资者和企业,他们的行为选择都遵循自身利益最大化的原则。

假设 3-8:政府的战略空间为监管和不监管,机构投资者的战略空间为投资和不投资,企业的战略空间为如实披露和虚假披露。

假设 3-9：当企业存在虚假披露行为时，政府有能力予以识别。

(二)模型分析

根据以上假设，得到政府、机构投资者和企业的多方动态博弈的博弈树，如图 3-2 所示。其中，博弈顺序为：第一阶段，政府的环境监管部门选择是否对企业的环境披露行为进行监管；第二阶段，企业选择是否根据有关部门的规定如实地进行环境信息披露；第三阶段，机构投资者选择是否对企业进行投资。表 3-5 是博弈树中对应的 8 种策略组合的收益矩阵。

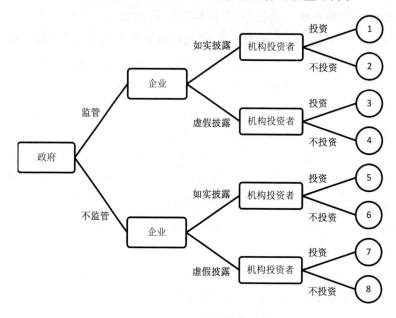

图 3-2　多方动态博弈的博弈树

表 3-5　多方动态博弈模型的收益矩阵

				政府	
				监管	不监管
上市公司	如实披露	机构投资者	投资	$-C_1, -C_2+R_2+R_3, R_4$	$0, -C_2+R_2+R_3, R_4$
			不投资	$-C_1, -C_2+R_3, 0$	$0, -C_2+R_3, 0$
	虚假披露	机构投资者	投资	$-C_1+R_1, R_2-F_2, R_4-F_4$	$-\lambda F_1, R_2-\lambda F_2, R_4-\lambda F_4$
			不投资	$-C_1+R_1, -F_2-F_3, -L$	$-\lambda F_1, -\lambda F_2-\lambda F_3, -\lambda L$

在上述博弈模型中,每个参数的含义如表 3-6 所示。

表 3-6　多方动态博弈模型的参数说明

参数	含义
x	政府的环境监管部门认真履行监管职责的概率为 x;反之未履行监管职责的概率为 $1-x$,$0 \leqslant x \leqslant 1$
y	企业选择如实披露环境信息的概率为 y;反之进行虚假披露环境信息的概率为 $1-y$,$0 \leqslant y \leqslant 1$
z	机构投资者购买公司股票进行投资的概率为 z;反之不进行投资的概率为 $1-z$,$0 \leqslant z \leqslant 1$
λ	媒体发现并曝光企业虚假披露环境信息的概率,$0 \leqslant \lambda \leqslant 1$
$C1$	环境监管的成本:当环境监管部门选择对企业进行监管时,收益将减少 $C1$
$C2$	企业披露的成本:当企业如实披露环境信息时,收益将减少 $C2$
$R1$	环境监管部门检查到企业虚假披露行为后,获得的政府声誉奖励、政绩奖励等收益
$R2$	机构投资者购买公司股票的行为为公司带来的融资收益
$R3$	当企业按照监管要求如实进行环境信息披露时获得的收益,如公司声誉的提升等
$R4$	机构投资者在做出投资决定的情况下获得的收益
$F1$	环境监管部门未履行监管职责,且企业虚假披露行为被媒体曝光后,政府受到的行政处罚和声誉损失
$F2$	环境监管部门或媒体发现企业虚假披露时企业受到的惩罚,如政府处罚和声誉损失
$F3$	企业虚假披露环境信息被发现时,面临的投资者不投资或撤回投资的损失
$F4$	机构投资者在了解企业虚假披露环境信息的情况下,做出错误的投资决定所造成的损失。
L	企业的虚假披露行为对市场造成的冲击,负面影响即为 $-L$

（三）模型求解

（1）政府的期望收益 E_1 为

$$
\begin{aligned}
E_1 = & xyz(-C1) + xy(1-z)(-C1) + x(1-y)z(-C1+R1) + \\
& x(1-y)(1-z)(-C1+R1) + (1-x)(1-y)z(-\lambda F1) + \\
& (1-x)(1-y)(1-z)(-\lambda F1)
\end{aligned}
$$

$$(3\text{-}13)$$

为求解出这一混合博弈的均衡解，对上述政府的期望收益函数采用偏导求极值法，并确定 y 的最优取值。

$$\frac{\partial E_1}{\partial x} = 0 \qquad (3\text{-}14)$$

$$
\begin{aligned}
& yz(-C1) + y(1-z)(-C1) + (1-y)z(-C1+R1) + \\
& (1-y)(1-z)(-C1+R1) + (1-y)z\lambda F1 + (1-y)(1-z)\lambda F1 = 0
\end{aligned}
$$

$$(3\text{-}15)$$

$$y^* = 1 - \frac{C1}{R1+\lambda F1} \qquad (3\text{-}16)$$

（2）企业的期望收益 E_2 为

$$
\begin{aligned}
E_2 = & xyz(-C2+R2+R3) + xy(1-z)(-C2+R3) + \\
& (1-x)yz(-C2+R2+R3) + (1-x)y(1-z)(-C2+R3) + \\
& x(1-y)z(R2-F2) + x(1-y)(1-z)(-F2-F3) + \\
& (1-x)(1-y)z(R2-\lambda F2) + \\
& (1-x)(1-y)(1-z)(-\lambda F2-\lambda F3)
\end{aligned}
$$

$$(3\text{-}17)$$

同样地，对上述企业的期望收益函数采用偏导求极值法，并确定 z 的最优取值。

$$\frac{\partial E_2}{\partial y} = 0 \qquad (3\text{-}18)$$

$$
\begin{aligned}
& xz(-C2+R2+R3) + x(1-z)(-C2+R3) + \\
& (1-x)z(-C2+R2+R3) + (1-x)(1-z)(-C2+R3) - \\
& xz(R2-F2) + x(1-z)(F2+F3) - (1-x)z(R2-\lambda F2) + \\
& (1-x)(1-z)(\lambda F2+\lambda F3) = 0
\end{aligned}
$$

$$(3\text{-}19)$$

$$z^* = 1 - \frac{C2 - F2[1-(1-x)(1-\lambda)] - R3}{F3[1-(1-x)(1-\lambda)]} \qquad (3\text{-}20)$$

（3）机构投资者的期望收益E_3为

$$\begin{aligned}E_3 =\ & xyzR4 + x(1-y)z(R4-F4) + (1-x)yzR4 + \\ & (1-x)(1-y)z(R4-\lambda F4) + \\ & x(1-y)(1-z)(-L) + \\ & (1-x)(1-y)(1-z)(-\lambda L)\end{aligned} \tag{3-21}$$

同样地,对上述机构投资者的期望收益函数采用偏导求极值法,并确定x的最优取值。

$$\frac{\partial E_3}{\partial z} = 0 \tag{3-22}$$

$$\begin{aligned} & xyR4 + x(1-y)(R4-F4) + (1-x)yR4 + \\ & (1-x)(1-y)(R4-\lambda F4) + \\ & x(1-y)L + (1-x)(1-y)\lambda L = 0 \end{aligned} \tag{3-23}$$

$$x^* = \frac{R4}{(1-y)(1-\lambda)(F4-L)} - \left(\frac{1}{1-\lambda}-1\right) \tag{3-24}$$

（四）分析结论

上述博弈模型中的x是政府选择对企业的环境信息披露进行监管的概率,最优的x^*与机构投资者的投资收益$R4$呈正相关关系,与媒体曝光企业环境信息披露违规的概率λ既存在正相关,也存在负相关关系,与机构投资者的投资损失$F4$呈负相关关系。y是企业选择如实地进行环境信息披露的概率,最优的y^*与政府的环境监管成本$C1$呈负相关关系,与政府获得的声誉和政绩奖励$R1$呈正相关关系,与媒体曝光企业环境信息披露违规的概率λ呈正相关关系,与政府玩忽职守导致的行政处罚和声誉损失$F1$呈正相关关系。z是机构投资者选择投资某上市公司的概率,最优的z^*与企业因虚假披露所造成的政府罚款和声誉损失$F2$,以及失去投资者投资的损失$F3$呈正相关关系,与媒体曝光企业环境信息披露违规的概率λ呈正相关关系,与企业如实披露环境信息的成本$C2$呈负相关关系,与上市公司获得的声誉收益$R3$呈正相关关系。结合以上博弈分析可以得出以下结论:

（1）政府相关部门对企业环境信息披露的监管力度对于稳定资本市场、保障投资者的合法权益有重要作用。当有关部门对企业的信息披露采取严监管的模式（x上升）时,企业的虚假披露行为有更大的概率被识别,环境信息披露造假的成本就会上升,这使得企业倾向于选择如实披露环境信息,机构投资者由于更全面地掌握了企业的相关信息,能够做出更合理的投资决策,规避潜在的环境风险,从而获得更高的投资收益 $R4$。

(2)政府相关部门对企业环境披露的监管力度 x 与媒体对上市公司环境披露违规的曝光力度 λ 存在相互促进又相互抑制的关系。一方面,媒体对企业环境披露违规的曝光能够向政府施压,促使政府为了维护"有为政府"形象,而加强对企业环境披露的监管,降低了相关部门浑水摸鱼的可能性。另一方面,若媒体对于企业的监督力量过大,实质上媒体就承担了一部分原本政府的监督职责,反过来抑制了政府的监管力度,导致政府监管部门的"搭便车"行为,对企业环境披露疏于管理。

(3)企业环境披露的执行与政府环境监管部门的监管成本和考核机制存在重要的联系。首先,政府实施环境披露监管的成本 $C1$ 过高时,其实施监管的概率必然会相应地降低,这使得企业更容易在环境披露上钻监管漏洞,而导致企业选择如实披露环境信息的可能性 y 降低。其次,环境监管部门在生态环境指标上的政绩考核也对企业环境披露的执行存在显著的影响。若负责环境监管的官员由于在环境绩效上的突出工作而获得晋升激励或其他政治奖励时,相关部门会更有动力进行监管;同时,若监管失职会受到严厉的行政处罚,相关部门则不会玩忽职守。总体而言,当有关环境绩效的考核机制更为明晰,误必惩,绩必奖,则政府相关部门对于上市公司环境监管的力度就会进一步加强,上市公司就更有可能会选择如实披露。

(4)媒体对企业的环境信息披露决策起到舆论监督作用。根据传播学的议程设置理论,媒体可以通过议程设置的功能来对社会公众进行舆论引导,比如当企业存在环境信息披露的瞒报漏报现象时,媒体可以通过在一定时期内显著、密集的新闻报道和信息传播对企业形成声誉压力,并最终迫使企业做出改变,合法合规地进行环境披露。所以说,当媒体曝光企业虚假披露的概率 λ 上升时,上市公司选择如实披露环境信息的概率 y 也随之上升。

(5)企业环境信息披露奖惩机制的完善有助于提升市场活跃度。企业环境信息披露的瞒报漏报等违规事件不仅破坏市场生态,而且极大地影响投资者信心。因而,重拳出击、重典治违是非常必要的。如果政府加大对于企业虚假披露的惩罚金额,并对此类事件重点曝光,造成企业声誉的损失,企业必然会为了避免政府的行政处罚和机构投资者的抛售行为,而倾向于选择按照要求如实地进行环境信息的披露。除此之外,若企业因为环境信息披露行为能够获得额外的收益,比如公司声誉的提升,企业也会更自觉地进行环境信息披露。所以说,建立一个完善的企业环境信息披露奖惩机制有助于提升企业的信息透明度,那么机构投资者们可以更放心地"用脚投票",市场活跃度也就能得到提升。

四、企业和企业之间的博弈

(一)自主披露和模仿披露的博弈分析

1.模型假设

假设 3-10:博弈参与方都符合有限理性人假设,即企业 A 和企业 B 的行为选择都遵循自身利益最大化的原则。

假设 3-11:企业 A 的战略空间为自主披露和模仿披露;企业 B 的战略空间为自主披露和模仿披露。

自主披露和模仿披露博弈模型的具体参数说明如表 3-7 所示。

表 3-7 自主披露和模仿披露博弈模型的参数说明

参数	含义
a	企业选择自主披露环境信息的概率为 a;反之选择模仿披露环境信息的概率为 $1-a$,$0 \leq a \leq 1$
p	企业自主开发环境披露项目且获得成功的概率为 p;反之开发失败的概率为 $1-p$,$0 \leq p \leq 1$
C	企业自主开发环境披露项目所需要投入的直接成本为 C
$V1$	任何一个企业若自主开发环境信息披露项目成功,将给企业 A 带来 $V1$ 的收益
$V2$	任何一个企业若自主开发环境信息披露项目成功,将给企业 B 带来 $V2$ 的收益
D	当任意企业通过模仿方式来共享开发成果时,则需要向开发成功的企业支付费用 D

2.模型分析

企业 A 和 B 都分别有两种策略选择:自主披露和模仿披露,所以对于企业 A 和 B 而言,共有 4 种不同的策略组合:(企业 A 自主披露,企业 B 自主披露)、(企业 A 自主披露,企业 B 模仿披露)、(企业 A 模仿披露,企业 B 自主披露)、(企业 A 模仿披露,企业 B 模仿披露)。

(1)企业 A 和 B 都选择自主披露时,又存在 4 种情况,其对应的收益矩阵如表 3-8 所示。

①企业 A 和 B 都成功开发环境披露项目。

②企业 A 成功开发环境披露项目,企业 B 失败。

③企业 B 成功开发环境披露项目,企业 A 失败。

④企业 A 和 B 开发环境披露项目都失败。

表 3-8　企业 A 和 B 都选择自主披露的收益矩阵

		企业 A	
		开发成功	开发失败
企业 B	开发成功	$V2-C,V1-C$	$V2+D-C,V1-D-C$
	开发失败	$V2-D-C,V1+D-C$	$-C,-C$

企业 A 和企业 B 都选择自主披露时,企业 A 和 B 的条件期望收益 U_1 和 U_2 分别为

$$E\{U_1 \mid 企业 A 和 B 选择自主披露\}$$
$$= p^2(V1-C) + p(1-p)(V1-D-C) +$$
$$(1-p)p(V1+D-C) + (1-p)^2(-C) \qquad (3-25)$$
$$= 2pV1 - p^2V1 - C$$

$$E\{U_2 \mid 企业 A 和 B 选择自主披露\}$$
$$= p^2(V2-C) + p(1-p)(V2+D-C) +$$
$$(1-p)p(V2-D-C) + (1-p)^2(-C) \qquad (3-26)$$
$$= 2pV2 - p^2V2 - C$$

(2)企业 A 选择自主披露,企业 B 选择模仿披露时,存在 2 种情况,其对应的收益矩阵如表 3-9 所示。

①企业 A 成功开发环境披露项目,企业 B 模仿披露。

②企业 A 开发环境披露项目失败,企业 B 模仿披露。

表 3-9　企业 A 自主披露和企业 B 模仿披露的收益矩阵

企业 A		企业 B
		模仿披露
自主披露	开发成功	$V2-D,V1+D-C$
	开发失败	$0,-C$

企业 A 选择自主披露和企业 B 选择模仿披露时，企业 A 和 B 的条件期望收益 U_1 和 U_2 分别为

$$E\{U_1 \mid \text{企业 } A \text{ 自主披露,企业 } B \text{ 模仿披露}\}$$
$$= p(V1 + D - C) - (1 - p)C = pV1 + pD - C \quad (3\text{-}27)$$

$$E\{U_2 \mid \text{企业 } A \text{ 自主披露,企业 } B \text{ 模仿披露}\} = p(V2 - D) \quad (3\text{-}28)$$

(3)企业 A 选择模仿披露，企业 B 选择自主披露时，存在 2 种情况，其对应的收益矩阵如表 3-10 所示。

①企业 B 成功开发环境披露项目时，企业 A 模仿披露。

②企业 B 开发环境披露项目失败时，企业 A 模仿披露。

表 3-10　企业 A 模仿披露和企业 B 自主披露的收益矩阵

企业 B		企业 A
		模仿披露
自主披露	开发成功	$V2 + D - C, V1 - D$
	开发失败	$-C, 0$

企业 A 选择模仿披露和企业 B 选择自主披露时，企业 A 和 B 的条件期望收益 U_1 和 U_2 分别为

$$E\{U_1 \mid \text{企业 } A \text{ 模仿披露,企业 } B \text{ 自主披露}\} = p(V1 - D) \quad (3\text{-}29)$$

$$E\{U_2 \mid \text{企业 } A \text{ 模仿披露,企业 } B \text{ 自主披露}\} = p(V2 + D - C) - (1 - p)C$$
$$= pV2 + pD - C$$
$$(3\text{-}30)$$

(4)企业 A 和 B 都选择模仿披露时，企业 A 和 B 的条件期望收益 U_1 和 U_2 分别为

$$E\{U_1 \mid \text{企业 } A \text{ 和 } B \text{ 都选择模仿披露}\}$$
$$= E\{U_2 \mid \text{企业 } A \text{ 和 } B \text{ 都选择模仿披露}\} \quad (3\text{-}31)$$
$$= 0$$

归纳以上 4 种不同策略组合的收益函数，得到博弈参与方企业 A 和企业 B 自主披露和模仿披露的收益矩阵，如表 3-11 所示：

表 3-11　自主披露和模仿披露博弈模型的收益矩阵

		企业 A	
		自主披露	模仿披露
企业 B	自主披露	$2pV2-p^2V2-C, 2pV1-p^2V1-C$	$pV2+pD-C, pV1-pD$
	模仿披露	$pV2-pD, pV1+pD-C$	$0,0$

3. 模型求解

$$\begin{cases} pV1+pD-C<0 \\ pV2+pD-C>0 \end{cases} \tag{3-32}$$

$$V1<\frac{C}{p}-D<V2 \tag{3-33}$$

满足式(3-33)时,企业之间关于自主披露和模仿披露的博弈模型就构成了一个经典的智猪博弈模型。此时,对于企业 A 而言,若企业 B 选择自主披露,企业 A 应该选择模仿披露($2pV1-p^2V1-C<pV1-pD$)。若企业 B 选择模仿披露,企业 A 还是应该选择模仿披露($pV1+pD-C<0$),所以模仿披露成为企业 A 的占优策略。那么,在企业 A 一定会选择模仿披露的条件下,企业 B 应该选择自主披露($pV2+pD-C>0$)。基于以上分析,该博弈模型的均衡解是企业 B 选择自主披露,企业 A 选择模仿披露。对应到智猪博弈模型中就是,大猪自主披露和小猪模仿披露的结果。

4. 分析结论

从上述分析可知,当两个企业披露环境信息的效用 $V1$ 和 $V2$ 分别位于分界线 $C/p-D$ 的两端时(如图 3-3 所示),能从环境信息披露中获得高效用的企业会倾向于选择自主披露,而相对而言低效用的企业会倾向于选择模仿披露。这一博弈的均衡结果与现实中企业在环境信息披露上的决策相对一致。通过进一步分析自主开发环境披露项目的成功率 p 和开发项目所需的成本 C 可以发现,大企业拥有的资源储备和资源协同能力相对一般企业而言是较高的。这导致大企业环境披露项目的成功率更高,投入的成本越小,所以大企业相对而言更容易处于分界线的上端,获得更高的效用,所以他们倾向于选择自主披露。而市场中的大部分中小企业受制于自身的开发能力和资源限制,环境披露项目的成功率较低,投入的成本较高,其环境披露的效用处于分界线的下端,因而倾向于选择模仿披露。

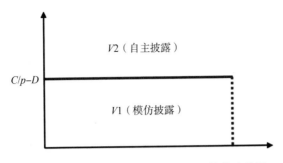

图 3-3　博弈均衡状态下企业 A 和 B 的策略选择

本章通过博弈分析方法将企业环境披露决策如何受到企业间相互作用的影响机理进行了阐释,结论指出仅有小部分的大企业会选择自主披露环境信息,而作为市场中的先行者,这会给他们带来更高的效用。而市场中大部分中小企业会选择模仿已经成功的大企业的环境披露决策,这也就形成了组织的模仿趋同现象。下一部分继续分析企业间的这种相互作用是否有助于企业环境披露水平的提升。

(二)如实披露和虚假披露的博弈分析

本小节继续以企业双方作为博弈参与方来进行博弈分析,为了进一步探索企业间的这种相互作用是否有助于企业间整体环境披露水平的提升。本书借鉴了经典的"囚徒困境"博弈模型进行模型的设置,还分别构建了无政府监督的企业间博弈模型和有政府监督的企业间博弈模型,来进一步考察企业间的相互作用是否有助于企业间整体环境披露水平的提升,和政府监管制度的引入在这一过程中发挥的作用。

1.如实披露和虚假披露的博弈分析(无监管机制)

(1)模型假设

假设 3-12:博弈参与方都符合有限理性人假设,即企业 A 和企业 B 的行为选择都遵循自身利益最大化的原则。

假设 3-13:企业 A 的战略空间为如实披露和虚假披露;企业 B 的战略空间为如实披露和虚假披露。

根据以上假设,得到企业 A 和企业 B 两方静态博弈的策略组合集:{(企业 A 如实披露,企业 B 如实披露)、(企业 A 如实披露,企业 B 虚假披露)、(企业 A 虚假披露,企业 B 如实披露)、(企业 A 虚假披露,企业 B 虚假披露)}。表 3-12 是上述四种策略组合的收益矩阵。

表 3-12　如实披露和虚假披露博弈模型(无监管机制)的收益矩阵

		企业 A	
		如实披露	虚假披露
企业 B	如实披露	G1,G1	G3,G2
	虚假披露	G2,G3	G4,G4

表 3-13 是该博弈模型的参数说明,且假设 $G2 > G4 > G1 > G3$。这一假设的依据是在缺少政府监督的约束下,上市公司虚假披露环境信息被发现的概率是较低的,所以企业虚假披露的成本小于企业虚假披露时的收益。在这种情况下,越来越多的企业会倾向于选择虚假披露,那么企业虚假披露的收益也会有所降低。

表 3-13　如实披露和虚假披露博弈模型(无监管机制)的参数说明

参数	含义
G1	企业 A 和 B 都如实披露环境信息时,双方分别获得的收益
G2	企业 A 和 B 中一方如实披露、一方虚假披露时,虚假披露的一方获得的收益
G3	企业 A 和 B 中一方如实披露、一方虚假披露时,如实披露的一方获得的收益
G4	企业 A 和 B 都虚假披露环境信息时,双方分别获得的收益

(2)模型分析

通过分析博弈的收益矩阵可知:对于企业 B 而言,当企业 A 如实披露时,企业 B 选择虚假披露可以获得更高的收益($G2 > G1$);当企业 A 虚假披露时,企业 B 选择虚假披露可以获得更高的收益($G4 > G3$)。所以,无论企业 A 如何选择,企业 B 选择虚假披露总是最优策略。如实披露和虚假披露博弈模型(无监管机制)是一个收益对称的博弈模型,因而对于企业 A 而言,无论企业 B 如何选择,企业 A 选择虚假披露总是最优策略。也就是说,企业 A 和企业 B 最终会达到占优策略均衡(虚假披露,虚假披露)。

(3)分析结论

在这一博弈模型中,企业 A 和企业 B 作为理性的组织,都期望使它的收益最大化。但是企业选择进行虚假披露的效用既有正面影响,也有负面影响。正面的影响是虚假披露使得企业的收益提高了。负面的影响是由企业虚假披露环境信息所导致的环境污染问题,而这个问题最后是由所有企业一起承担的,也就是说自利行为最终并不能使博弈双方趋于系统的理想状态。可以看到企业 A 和 B 博弈的均衡结果是都选择虚假披露,形成了企业间行为策略上的一种趋同化,只是这样的一种趋同化选择最后导致了整个社会利益的损失。

2.如实披露和虚假披露的博弈分析(有监管机制)

无监管机制下的企业间博弈模型阐明了企业的自利行为所导致的外部性问题,这里我们引入政府监督这一制度约束来尝试破解这个“囚徒困境”。

(1)模型假设

假设 3-14:博弈参与方都符合有限理性人假设,即企业 A 和企业 B 的行为选择都遵循自身利益最大化原则。

假设 3-15:企业 A 的战略空间为如实披露和虚假披露;企业 B 的战略空间为如实披露和虚假披露。

假设 3-16:当企业存在虚假披露行为时,环境监管部门有能力予以识别。

根据以上假设,得到企业 A 和企业 B 两方静态博弈的策略组合集:{(企业 A 如实披露,企业 B 如实披露)、(企业 A 如实披露,企业 B 虚假披露)、(企业 A 虚假披露,企业 B 如实披露)、(企业 A 虚假披露,企业 B 虚假披露)}。表 3-14 是上述四种策略组合的收益矩阵,同样假设 $G2 > G4 > G1 > G3$。

表 3-14　如实披露和虚假披露博弈模型(有监管机制)的收益矩阵

		企业 A	
		如实披露	虚假披露
企业 B	如实披露	$G1,G1$	$G3,G2-P$
	虚假披露	$G2-P,G3$	$G4-P,G4-P$

在上述博弈模型中,每个参数的含义如表 3-15 所示。

表 3-15　如实披露和虚假披露博弈模型(有监管机制)的参数说明

参数	含义
$G1$	企业 A 和 B 都如实披露环境信息时,双方分别获得的收益
$G2$	企业 A 和 B 中一方如实披露、一方虚假披露时,虚假披露的一方获得的收益

续表

参数	含义
$G3$	企业 A 和 B 中一方如实披露、一方虚假披露时,如实披露的一方获得的收益
$G4$	企业 A 和 B 都虚假披露环境信息时,双方分别获得的收益
P	环境监管部门发现企业虚假披露时,企业受到的行政处罚。

(2)模型分析

对于企业 B 而言,在企业 A 如实披露时,企业 B 如实披露和虚假披露的期望收益差为

$$M1 = G1 - (G2 - P) = G1 - G2 + P \qquad (3\text{-}34)$$

在企业 A 虚假披露时,企业 B 如实披露和虚假披露的期望收益差为

$$M2 = G3 - (G4 - P) = G3 - G4 + P \qquad (3\text{-}35)$$

令

$$\begin{cases} G1 - G2 + P > 0 \\ G3 - G4 + P > 0 \end{cases} \qquad (3\text{-}36)$$

可得

$$\begin{cases} P > G2 - G1 \\ P > G4 - G3 \end{cases} \qquad (3\text{-}37)$$

若满足式(3-37),则企业受到的环境处罚始终高于企业虚假披露环境信息所获得的额外收益。在这种情况下,无论企业 A 如何选择,企业 B 都倾向于如实披露。因为此时企业 B 选择如实披露的收益一定大于虚假披露的收益。同理,只要满足式(3-37),无论企业 B 如何选择,企业 A 都倾向于如实披露。所以,该博弈的均衡解为(如实披露,如实披露)。

基于以上分析可知,引入制度约束后,政府的监管措施降低了企业通过虚假披露获得的额外收益,改变了博弈双方原本的效用函数,因此改变了原本的均衡解,使得博弈系统趋向于企业双方都选择如实披露环境信息的理想状态。在有监管机制的企业间博弈模型中,企业仍然是自利的,但是由于政府监管手段的介入,企业在重新评估自身的利益得失以及合法性需求后,会选择更有利于社会的企业行为。

本章小结

本章运用博弈分析方法,分别构建了政府和企业,机构投资者和企业,政府、机构投资者和企业,以及企业和企业之间的博弈模型,得到以下主要结论:

(一)政府的监管作用

政府的监管角色在企业环境信息披露决策中发挥重要的积极作用。当企业因为虚假披露受到的环境罚款(企业的环境违法成本)越高时,企业会倾向于如实地披露环境信息。一方面是由于高昂的环境违法成本使得企业的净利润受损,虚假披露的收益不足以抵消违法成本。另一方面是由于环境处罚使得企业声誉受损,影响投资者对其稳定发展的预期。另外,博弈分析的结果还表明环境监管部门的执法成本和地方环保官员的考核制度都有可能间接影响企业是否选择真实公开环境信息。

(二)媒体的监督作用

博弈结果显示媒体的监督作用在企业环境信息披露中虽然不是决定性因素,但媒体的介入确实有助于提高企业的环境信息披露水平。具体来说,主要有两方面的原因:一是媒体对企业虚假披露行为的曝光将导致企业声誉受损,并引发投资者流失的潜在风险。二是当环境监管部门存在失职或与企业合谋的情况时,媒体作为第三方监督主体可以打破这一僵局。

(三)机构投资者的监督作用

如果说企业应对政府的监管压力主要是为了满足合法性需求,那么企业应对机构投资者的监督压力就是为了满足自身的资源需求。博弈结果表明在机构投资者关注企业环境绩效的前提下,机构投资者对于企业环境信息披露存在明显的促进作用。若企业选择虚假披露环境信息,机构投资者为了规避环境风险可以选择不投资该企业,转而寻找具有长期发展潜力的标的,那么企业就会面临虚假披露行为导致的融资困境。

(四)企业间的相互作用

本章分别构建了三个博弈模型来研究企业和企业之间关于环境信息披露的博弈分析。第一个企业间的博弈模型是关于企业选择自主披露环境信息还是模仿其他企业进行环境披露的博弈分析。这一模型的均衡结果表明在实施环境披露决策时,大部分中小企业由于受到了彼此之间的同群压力,形成了模仿趋同现象。除此之外,大部分中小企业会选择模仿大企业环境披露决策的现实因素是自主开发环境披露项目的成功率较低和项目投入成本较高。这导致普通中小企业难以像大企业一样,从自主披露环境信息中获得高效用。第二和第三个企业间的博弈模型是关于企业选择如实披露环境信息还是虚假披露环境信息的博弈分析,均衡结果表明:企业在环境披露决策上存在模仿趋同现象,并且在有政府监管的条件下,同群企业间的相互模仿有助于提升企业的整体环境披露水平。另外,博弈结果还显示企业实施环境信息披露的成本与企业是否选择如实披露环境信息也存在很大的关系。若企业实施环境披露的成本投入过高,一些企业尤其是一些初创企业和小企业,必然会选择退而求其次,进行虚假披露。

第四章　企业环境信息披露的驱动机制：公共压力的作用

　　本章将结合国内外学者的相关研究和上一章中利益相关者影响企业环境信息披露的理论分析，提出相关研究假设。然后，通过构建固定效应回归模型，实证检验由政府环境规制、媒体关注度和机构投资偏好构成的公共压力对企业环境信息披露的驱动作用，并通过引入环境政策不确定性这一调节变量，进一步考察地方环保领导变更对公共压力和企业环境信息披露之间的关系造成的影响。本章的研究结论既揭示了政府、媒体和机构投资者等利益相关者影响企业环境信息披露的驱动机理，也通过引入环境政策不确定性这一视角拓展了公共压力理论在环境信息披露研究中的应用。

第一节　研究假设

一、公共压力与企业环境信息披露

　　近年来，我国政府对企业环保减排的监管力度不断强化，于 2010 和 2015 年先后出台、修订了《上市公司环境信息披露指南（征求意见稿）》和《环境保护法》，这些法律法规的实施不仅明确了企业履行环境披露责任的必要性，更是对企业环境信息披露的内容和质量提出更高的要求。在可持续发展的大方针下，企业的环境信息披露行为正逐步受到政府、投资者、媒体等利益相关者的重视，对企业的环境披露水平提出更高要求，这就形成了对企业的公共压力。[81]

　　组织合法性理论认为，企业为保证持续性经营，需要向社会公众和政府的监管部门披露其合法经营的相关证据，以确保企业的合法性地位。因此，企业在面临公共压力时，会倾向于履行环境信息披露的社会责任，避免因违反与利益相关者之间的隐性契约，而导致企业的合法性地位受损。基于这一视角，学者们认为公共压力是推动企业进行环境信息披露的重要因素。而关于公共压力的来源与构成，学者们存在不同的看法。Walden 和 Schwartz[22]认为公共压力由三种非市场环境构成：文化环境、法律环境和政治环境。Cho 和 Patten[74]将社会公众、管制机构和政治团体等出于对某一事物的担心与关注称为公共压力，并且认为企业采取披露环境信息的行为是为了应对这一压力。Muhammad 和 Craig[75]的研究表明，新闻媒体的负面报道作为企业面临的社会压力，对企业的环境信息披露有着显著的影响。负面新闻较多的企业倾向于更积极主动地披露环境信息，且披露质量较高。吴伟荣和刘亚伟[138]在关于企业审计质量的研究中指出，媒体监督和政府监管所构成的公共压力对企业的审计质量存在显著的促进作用。程博等[154]在关于企业的国际化程度对其环境治理行为的影响研究中指出，企业的公共压力来源于正式制度和非正式制度的变化。这些外部制度的变化使得对企业的公共压力不断加强，从而形成约束企业环境行为的驱动力。通过归纳总结以上研究可知，企业在应对公共压力时，为了获得环境合法性认可会积极地进行环境管理行为。而针对公共压力的来源问题，由于在研究对象和研究角度上的不同，学者们在对影响企业环境管理行为的公共压力的构成上未能达成一致。基于对企业环境信息披露这一主体的研究，后文将从企业的利益相关者角度出发，对企业受到的公共压力做进一步分析，并提出相应的研究假设。

二、政府环境规制与企业环境信息披露

企业的环境披露违规本质上是"市场失灵"的表现，市场解决不好的问题就要用政府管制的办法来加以解决。政府部门通过采取环境立法和市场监管等手段，对企业行为形成了强制性约束。作为企业重要的利益相关者之一，政府的环境规制手段对企业形成了巨大的监管压力。企业为了获得政府的合法性认可，需要依照政府有关环境信息公开的规定和要求来披露信息，以避免受到惩罚。Christopher 等[155]认为由政府出台强制性规定而形成的制度压力是企业披露环境信息的最主要动机，另外还需要建立有效的奖惩机制来巩固其效果。Clarkson 等[156]的研究指出政府的监管强度对企业环境信息披露水平的提升具有直接的影响，且环境信息披露制度的规范标准越具体，企业的环境披露水平，特别是环境量化信息的披露水平就越

高。崔秀梅等[157]的研究发现，企业面临的政府监管压力越大，受到的制度约束越严格，出于合法性存续的目的，企业会更有动力去规范环境行为从而提升碳信息披露水平。贺宝成和任佳[82]构建了一个公共压力束与企业环境披露操控程度之间的模型，通过实证检验发现政府的监管压力有效地抑制了企业的环境披露操纵问题。另外，企业环境披露的操控现象在我国的环境立法步伐加快之后有了很大的改善。通过以上分析可知，政府通过建立与企业环境信息披露相关的法律法规制度和实施监管措施，对企业形成了环境规制压力，是企业面临的重要的公共压力之一。

基于以上分析，提出假设 4-1：政府环境规制与企业的环境信息披露水平呈正相关关系，也就是说随着政府环境规制强度的增加，企业环境信息披露水平会相应地提高。

三、媒体关注度与企业环境信息披露

随着现代信息技术的不断进步，人们获取信息越来越便捷，而媒体已然成为影响企业环境信息披露的重要外部监督力量。根据传播学的议程设置理论，大众传媒可以通过新闻报道和信息传播的显著程度或密集程度来设置公众关注的社会议题，从而影响公众对某一事件的认知。[158]基于这一角度，媒体能够通过议程设置的功能来对社会公众进行舆论引导，从而对企业形成声誉压力，并最终迫使企业基于环境合法性的要求披露相关信息。Gray 和 Vint[159]的研究表明，当企业因环境污染而被媒体曝光和环境执法部门提起诉讼时，企业会通过披露更多的社会责任信息来应对合法性危机。Clarkson 等[156]在研究中指出相较于正面的媒体报道，负面的媒体报道对于企业环境信息披露行为的促进作用更为显著。陶莹和董大勇[160]认为媒体能够通过声誉机制影响企业的社会责任披露水平。具体来说，有关企业的媒体报道总量越多，企业受到的社会关注也就越多。在这种情况下，由于公众关注度较高，企业往往会披露更多的社会责任信息。两位学者还就媒体报道的不同类型进行了异质性分析，研究认为政策导向报道和正面报道有助于促进企业的社会责任信息披露，而市场导向报道和负面报道则削弱了企业实施社会责任信息公开的意愿。这一研究结果与国外学者的研究存在一定的分歧，他们认为这可能是由于国内媒体的监督功能受到了一定程度的抑制。杨广青等[161]认为在企业经营不善时，其会倾向于更多地披露非财务类环境信息以确保自己的合法性地位。同

时,研究还发现媒体能够对企业的环境管理行为起到治理作用,具体表现为媒体关注可以促进企业披露非财务环境信息。通过以上分析可知,学者们普遍认可媒体对于企业环境信息披露的监督作用。

基于此,提出假设4-2:媒体关注度与企业环境信息披露之间存在正相关关系,即媒体对企业的报道越多(媒体对企业的关注度越高),企业环境信息披露水平越高。

四、机构投资偏好与企业环境信息披露

机构投资者作为企业的直接利益相关者,不仅参与企业的利益分配,而且是公司治理的重要补充机制。[162] 相较于其他类型的股东,机构投资者倾向于进行有长期回报的价值型投资,因此更关注企业的可持续发展能力。以往研究表明企业实施社会责任战略,有利于形成更好的政商关系;[163] 增强企业的可持续发展能力,在多个方面提升企业价值。[164] 机构投资者出于长期投资潜力的考虑,必然会选择投资社会责任表现良好的企业。[165] 因此,企业管理者为了获取机构投资者的财务资源,有动力去迎合其投资偏好,履行环境信息公开的社会责任。相关研究也表明,以机构投资者为主的股东持股比例和企业环境信息披露行为存在正相关关系。例如,黄珺和周春娜[166] 指出,控股股东的持股比例越高,能够对企业行使的监督权利就越大,越能够引导企业进行环境信息披露。李慧云等[81] 的研究表明,机构持股比例对企业环境信息披露具有显著的正向促进作用,其中对非公有制企业的影响更为显著。归纳总结以上分析可知,机构投资者基于自身的资源优势和投资偏好,有能力和动机去影响企业采取环境信息披露决策。

基于此,提出假设4-3:机构投资偏好与企业环境信息披露呈正相关关系。也就是说随着机构投资者对企业持股比例的增加(对企业表现出更高的投资偏好),企业环境信息披露水平也随之提高。

五、环境政策不确定性的调节作用

在我国的社会主义市场经济体制下,地方政府的决策往往在很大程度上影响着企业的生产经营。[167] 地方环保官员是地方环境政策的制定者和执行者,因此其人事变更所带来的政府行为的不确定性,势必会影响企业行为。这主要有两方面的原因:一方面,新任官员由于教育背景、个人偏好以

及能力的不同，通常会形成涵盖政府补贴、税收优惠等不同的政策组合。[168]对于企业而言，官员变更使得企业之前建立的政商关系发生改变，由此会带来已有资源配置优势的丧失，从而导致企业经营风险的上升。[169]为了缓解这一情况并获得新一轮的资源配置优势，企业会选择积极履行环境披露责任，以获得新任领导班子的好感。具体来说，企业良好的环境披露表现，为新任环保领导解决了环境绩效考核的问题，并为其提供了相应的晋升资本。另一方面，环境政策的不确定性会影响投资者对企业未来发展前景的研判，这加剧了企业与投资者之间的信息不对称。在这种情况下，投资者会更加关注企业的环境行为，以降低潜在的环境风险。那么，企业会更明显地感受到来自投资者的施压，为了应对这一压力，投资者会更倾向于自愿发布企业的业绩预报，而且报告的质量和参考价值也会提高。[170]由此可知，地方环保领导的变动所带来的环境政策不确定性不仅会直接影响企业的环境信息披露，[171]而且会引发企业的利益相关者愈加重视环境风险，从而进一步提高企业在环境披露方面的积极性。

基于以上分析，提出假设 4-4：地方环保领导变更在公共压力与企业环境信息披露的关系中发挥正向调节作用，也就是说地方环保领导发生变更时，公共压力对企业环境信息披露的促进作用会得到增强。

第二节　研究设计

一、样本选择与数据处理

本书以沪深 A 股重污染行业上市公司为研究对象，选取 2015—2019 年的数据进行回归检验，以保证结果的时效性。其中，16 个重污染行业包括火电、钢铁、水泥、电解铝、煤炭、冶金、化工、石化、建材、造纸、酿造、制药、发酵、纺织、制革和采矿业。在剔除数据缺失的样本后，本书获得 456 家样本公司的五年数据，共计 2 280 个样本观测值。本书对所有连续变量分别按2.5%和97.5%的分位数进行 Winsorize 缩尾处理，以消除极值的影响。

二、模型设定与变量定义

(一)模型设定

本章基于固定效应回归模型,就公共压力对企业环境信息披露水平的影响进行实证检验,构建公式如下:

$$eid_{i,t} = \beta_0 + \beta_1 gr_{i,t} + \beta_2 media_{i,t} + \beta_3 share_{i,t} + \sum \gamma_j control_{i,t} + \varepsilon_{i,t}$$

(4-1)

式(4-1)中,被解释变量 $eid_{i,t}$ 代表 i 企业在 t 期的环境信息披露水平。主要解释变量中,$gr_{i,t}$ 代表 i 企业在 t 期面临的政府环境规制水平;$media_{i,t}$ 代表 i 企业在 t 期受到的媒体关注度;$share_{i,t}$ 代表 i 企业在 t 期获得的机构投资者偏好;$control_{i,t}$ 代表所有的控制变量,包括企业规模 size、财务杠杆 debt、盈利能力 roa、产权性质 type、股权集中度 cr10 和公司成长率 growth 等一系列可能影响企业环境披露的因素,除此之外,本书还控制了年份固定效应。

为了检验环境政策不确定性在公共压力与企业环境披露水平之间起到的调节作用,本书在式(4-1)的基础上,引入公共压力与地方环保领导变更的交叉项,如式(4-2)所示。为了进一步检验官员变更的不同方式所带来的异质性影响,本书还在式(4-1)的基础上,分别引入公共压力与官员调任方式的交叉项、公共压力与官员年龄的交叉项以及公共压力与官员来源地的交叉项,构建了式(4-3)至式(4-5)。

$$eid_{i,t} = \beta_0 + \beta_1 pp_{i,t} + \beta_2 coe_{i,t} + \beta_3 pp_{i,t} coe_{i,t} + \sum \gamma_j control_{i,t} + \varepsilon_{i,t}$$

(4-2)

$$eid_{i,t} = \beta_0 + \beta_1 pp_{i,t} + \beta_2 promote_{i,t} + \beta_3 pp_{i,t} promote_{i,t} + \sum \gamma_j control_{i,t} + \varepsilon_{i,t}$$

(4-3)

$$eid_{i,t} = \beta_0 + \beta_1 pp_{i,t} + \beta_2 age_{i,t} + \beta_3 pp_{i,t} age_{i,t} + \sum \gamma_j control_{i,t} + \varepsilon_{i,t}$$

(4-4)

$$eid_{i,t} = \beta_0 + \beta_1 pp_{i,t} + \beta_2 origin_{i,t} + \beta_3 pp_{i,t} origin_{i,t} + \sum \gamma_j control_{i,t} + \varepsilon_{i,t}$$

(4-5)

其中,$pp_{i,t}$ 代表 i 企业在 t 期受到的所有公共压力的加总,包括政府环境规制、媒体关注度和机构投资偏好;$pp_{i,t} coe_{i,t}$、$pp_{i,t} promote_{i,t}$、$pp_{i,t} age_{i,t}$、$pp_{i,t} origin_{i,t}$ 分别表

示 i 企业在 t 期受到的公共压力和地方环保领导变更、官员调任方式、官员年龄以及和官员来源地区的交叉项。$control_{i,t}$ 代表所有的控制变量。同样,在 4 个模型中控制年份固定效应。具体的变量说明详见变量定义部分。

(二)变量定义

1. 被解释变量:企业环境信息披露水平 eid

本章采用内容分析法对企业环境信息披露水平进行定量描述。这也是目前学者们在衡量企业环境披露水平时最主要运用的方法。王霞等[65]结合其他学者的做法,将企业需公开的环境信息划分为企业环保投资、企业污染物的排放等十大类环境信息,并按照信息披露的详略情况对其进行评分,据此构建了一个企业环境信息披露质量的评价指标。宋晓华等[115]则针对环境信息公开的类型做了进一步划分,构建了两级指标体系。他们的评分项目包括以碳减排战略与目标、碳减排行动与绩效、碳减排管理与激励、碳排放核算与交易为主的四大类 9 项内容。在现有研究的基础上,本章借鉴宋晓华等[115]的评价体系,构建了包含 3 个一级指标和 9 个二级指标的指标体系,如表 4-1 所示。该指标体系旨在从信息质量的角度评价企业环境信息披露水平。该指标体系采取的评分规则是:针对某一指标项,如果企业以定性和定量描述相结合的方式进行披露,则赋值为 2;如果企业以定性描述(非货币形式)进行披露,则赋值为 1;如果企业未进行任何披露,则赋值为 0。根据上述评分规则,企业的环境信息披露水平为各项目得分之和。

表 4-1　企业环境披露水平的评价指标

一级指标	二级指标
环保战略与目标	环境制度、政策、目标
	环境风险防范情况、应急制度情况等相关信息
环保行动与绩效	企业环保投资(设备购入)、环保技术开发
	排污费、人工支出等环保支出
	污染物的排放和达标情况
	环保设施的运行情况
	资源节约和资源消耗情况
环保补贴与处罚	与环保相关的政府拨款、财政补贴与税收减免
	与环保相关的法律诉讼、环保处罚

2.解释变量

(1)政府环境规制 gr

本章借鉴相关研究[115][172]，采用"城市污染源监管信息公开指数"（PITI）作为衡量地方政府对企业环境信息披露监管力度的指标。PITI 指数由公众环境研究中心（IPE）与自然资源保护协会（NRDC）共同开发。指数编制的评价指标主要包括日常超标违规记录发布、在线监测信息公开、信访投诉等九个大项。通过对九个项目进行定量和定性分析，得到各个地区的 PITI 指数。分数越高，就说明该地区的政府环境规制水平越高。该指数始于 2008 年，涵盖 120 座主要城市，能够较为客观地反映国内环保部门监察力度的区域情况。

(2)媒体关注度 media

结合杨广青等[161]的做法，本章采用样本公司每年的新闻报道总数加一后的对数值来计算公司受到的媒体关注水平。该变量的原始数据来自中国研究数据服务平台（CNRDS）的中国上市公司财经新闻数据库。媒体关注度变量的具体计算方法为：该公司的每篇新闻报道计为 1 分，年度新闻报道总数加 1 的对数为样本公司当年的媒体关注度。分数越高，公司的媒体关注度就越高，则公司需要承受更大的媒体监督压力。

(3)机构投资偏好 share

机构投资者作为企业的重要股东，最大的特点是资金密集、体量大。在执行投资决策之前，其投资委员会首先对投资标的进行尽职调查，综合考虑标的公司的行业及宏微观因素后，结合投资机构偏好，才会做出符合该机构投资者风格的决策及后续的投后管理。随着社会公众的环境保护意识逐渐增强，机构投资者在选择投资标的时，越来越重视投资的稳定性和长期性，在专业的投研基础上增加了对企业环境保护、社会道德以及公共利益等方面的考量，对企业环境信息的披露需求逐渐提升。因此，本章参考李慧云等[81]的做法，选择机构投资者的持股比例作为机构投资偏好的代理变量。机构投资者在公司的持股比例越高，在公司经营管理中的话语权就越大。

3.调节变量

本章中调节变量为地方环保领导变更 coe。地方环境政策的制定和执行主要由地方生态环境厅的公职人员负责。"新官上任三把火"，该部门重要领导人员的变更往往会带来地方环境政策的一些改变。因此，本章借鉴于连超等[171]的做法，采用生态环境厅主要负责人的变更来衡量地方环境政

策的不确定性。地方环保领导变更变量设置如下:如果企业注册地的省
(市)的生态环境厅厅长或生态环境局局长发生变更,则将变量赋值为 1;若
未发生变更,则将变量赋值为 0。考虑到生态环境厅主要负责人变更对环境
政策制度和执行的影响可能存在时滞性,因此,若人事变更发生在 1 月至 6
月之间,则认定这一变更发生在当年;若人事变更发生在 7 月至 12 月之间,
则认定这一变更发生在下一年。另外,人事变动在方式上还存在一些差异,
如调任方式的不同、上任年龄的不同、来源地的不同等等,[173]因此本书就变
更形式的不同对这一调节变量做了进一步细分:

　　①调任方式 promote:若官员通过晋升的方式成为地方生态环境厅厅
长,则变量赋值为 1;若通过平调、降职的方式成为地方生态环境厅厅长或是
没有变更,则变量赋值为 0。

　　②年龄 age:若官员调任为地方生态环境厅厅长时的年龄小于或等于 55
岁,则变量赋值为 1;若调任时年龄大于 55 岁或没有变更,则变量赋值
为 0。[174]

　　③来源地 origin:样本分析显示,生态环境厅厅长的任免几乎都属于省
内调任,因此本章按照新任生态环境厅厅长上任前所在的城市作为划分企
业是否处于来源地区的依据。若企业未处于生态环境厅厅长上任前所在的
城市,则企业属于非来源地区,变量赋值为 1;反之,变量赋值为 0。

　　4.控制变量

　　本章主要选取企业微观特征变量与官员特征变量作为控制变量。企业
微观特征变量主要包括企业规模、财务杠杆、盈利能力、产权性质、股权集中
度和公司成长率。借鉴胡珺等[173]的做法,本书在研究地方环保官员变更的
调节作用时,纳入官员特征变量:性别和教育水平。考虑到地方环保领导变
更的同年可能也存在省委书记或省长变更,本书在稳健性检验中引入省委
书记变更变量和省长变更变量来控制这一外在冲击对企业环境信息披露可
能产生的影响。此外,本书还引入了时间虚拟变量来控制不同年份对企业
环境信息披露可能产生的影响。本章的变量定义如表 4-2 所示。

表 4-2 变量定义

变量类型	变量名称	符号	计算方式
被解释变量	企业环境信息披露水平	eid	根据本书方法度量的环境信息披露分值
解释变量	政府环境规制	gr	PITI污染源监管信息公开指数
	媒体关注度	media	ln(当年的新闻报道总数+1)
	机构投资偏好	share	机构投资者在公司的持股比例
调节变量	地方环保领导变更	coe	若企业注册地所在省(市)的生态环境厅厅长发生变更,变量赋值为1;没有发生变更,赋值为0
	调任方式	promote	若生态环境厅厅长通过晋升途径上任,变量赋值为1;平调、降职和没有变更,赋值为0
	年龄	age	若生态环境厅厅长变更时年龄小于或等于55岁,变量赋值为1;大于55岁和没有变更,赋值为0
	来源地区	origin	若企业未处于新任生态环境厅厅长上任前所在城市,则属于非来源地区,变量赋值为1;其他情况赋值为0
控制变量	性别	gender	当生态环境厅厅长为女性时,变量赋值为1;其他情况赋值为0
	教育水平	edu	当生态环境厅厅长的学历为硕士及以上时,变量赋值为1;其他情况赋值为0
	企业规模	size	期末总资产的自然对数
	财务杠杆	debt	(期末负债总额/期末资产总额)×100%
	盈利能力	roa	(净利润/平均资产总额)×100%
	产权性质	type	公司为国有控股性质,变量赋值为1;其他情况赋值为0
	股权集中度	cr10	前十大股东持股比例之和
	公司成长率	growth	(本期与上期主营业务收入之差/上期主营业务收入)×100%
	省委书记变更	cos	若企业注册地所在省(市)的省委书记发生变更,变量赋值为1;其他情况赋值为0
	省长变更	cog	若企业注册地所在省份(市)的省长发生变更,变量赋值为1;其他情况赋值为0

第三节 实证结果与分析

一、描述性统计

变量的描述性统计分析如表 4-3 所示。其中,样本企业环境信息披露水平 eid 的平均值和标准差分别为 7.117 和 3.897(该指标的最大值为 18)。这说明样本企业的环境信息披露总体处于中等偏低水平,且企业之间的环境披露质量参差不一。各个城市之间的政府环境规制水平 gr 存在较大差异($\sigma=$ 13.060),但平均水平达到 57.840,说明近五年来国内对于城市污染的监管处于中等以上水平。样本企业媒体关注度 media 的分布差异不大($\sigma=1.326$)。机构投资者持股比例 share 的平均水平为 46.31%,几乎占到了企业的一半股份,这说明国内机构投资者在公司治理中有很大的话语权。环保领导变更 coe 的平均水平为 0.263,说明约有 26% 的样本存在地方生态环境厅一把手变更的情况。其中,约有 20% 的样本是官员通过晋升途径就任生态环境厅厅长,约有 23.8% 的样本是官员在不高于 55 岁的情况下上任,约有 22.1% 的样本是官员去往其他城市或省份就职环境厅厅长。关于控制变量的描述性统计,有 15.7% 的生态环境厅厅长是女性,有 68.6% 的生态环境厅厅长拥有硕士及以上学历,有约 25.8% 和 30.3% 的样本存在省委书记变更 cos 和省长变更 cog 的情况。关于企业特征变量的分析,样本公司的企业规模 size 在经过对数化处理后不存在较大的差异。样本公司中约有 49.1% 属于国有企业,负债比例 debt 平均为 43.89%。资产净利润率 roa 平均为 3.81%,主营业务收入平均增长率 growth 为 8.95%,前十大股东持股比例 cr10 的均值为 57.76%。

表 4-3 变量的描述性统计

变量	样本数 N	平均值 $\bar{x}$	标准差 σ	最小值 min	最大值 max
eid	2 280	7.117	3.897	0	17
gr	2 280	57.840	13.060	30.400	82.400

续表

变量	样本数 N	平均值 $\bar{x}$	标准差 σ	最小值 min	最大值 max
media	2 280	3.340	1.326	0	6.400
share	2 280	46.310	22.680	0.003	91.610
coe	2 280	0.263	0.440	0	1
promote	2 280	0.200	0.400	0	1
age	2 280	0.238	0.426	0	1
origin	2 280	0.221	0.415	0	1
gender	2 280	0.157	0.364	0	1
edu	2 280	0.686	0.464	0	1
cos	2 280	0.258	0.438	0	1
cog	2 280	0.303	0.460	0	1
size	2 280	22.800	1.365	20.480	26.040
debt(%)	2 280	43.890	20.340	2.889	87.320
roa(%)	2 280	3.813	5.596	−12.370	17.120
type	2 280	0.491	0.500	0	1
cr10(%)	2 280	57.760	14.900	29.240	88.760
growth(%)	2 280	8.945	23.260	−36.250	75.750

表 4-4 是主要变量之间的相关性分析。环境信息披露水平 eid 分别与政府环境规制 gr 在 5%水平上显著正相关,与媒体关注度 media 在 1%水平上显著正相关,与机构投资偏好 share 在 1%水平上显著正相关,初步验证了假设 4-1 至假设 4-3。此外,环境信息披露水平与各调节变量之间都存在显著的正相关关系。

表4-4 相关性分析

	eid	gr	media	share	coe	promote	age	origin	gender	edu	cos	cog	size	debt	roa	type	cr10	growth
eid	1																	
gr	0.047**	1																
media	0.196***	-0.049**	1															
share	0.206***	0.007	0.298***	1														
coe	0.057***	0.005	0.021	0.027	1													
promote	0.036*	0.021	0.044**	0.030	0.839***	1												
age	0.063***	0.052**	0.028	0.019	0.937***	0.751***	1											
origin	0.044**	0.019	0.018	0.018	0.892***	0.726***	0.836***	1										
gender	-0.059***	0.129***	-0.053**	-0.097***	-0.001	0.066***	-0.038*	0.005	1									
edu	0.024	0.133***	-0.041**	-0.036*	0.151***	0.155***	0.117***	0.133***	0.293***	1								
cos	0.039*	-0.015	0.017	0.008	0.249***	0.133***	0.247***	0.259***	-0.087**	0.026	1							
cog	-0.008	0.051**	0.029	-0.002	0.105***	0.149***	0.095***	0.090**	0.050**	0.023	0.353***	1						
size	0.335***	0.026	0.486***	0.535***	0.048**	0.049**	0.037	0.024	-0.089***	0.013	0.017	0.011	1					
debt	0.138***	-0.194***	0.156***	0.193***	0.025	0.020	0.009	-0.009	-0.108***	-0.041**	0.014	-0.018	0.490***	1				
roa	0.044**	0.133***	0.124***	0.049*	0.016	0.007	0.022	0.035*	0.076***	0.065***	0.034	0.027	0.023	-0.424***	1			
type	0.211***	-0.173***	0.201***	0.421***	0.041*	0.043*	0.029	-0.001	-0.167***	-0.107***	0	-0.014	0.382***	0.264***	-0.128***	1		
cr10	0.103***	0.072***	0.190***	0.627***	0.019	0.020	0.019	0.016	-0.035*	0.051**	0.015	0.035*	0.449***	0.058***	0.141***	0.176***	1	
growth	0.033	0.109***	0.026	0.001	0.113***	0.105***	0.105***	0.097***	0.047**	0.043**	0.133***	0.198***	0.050**	-0.025	0.324***	-0.114***	0.048**	1

注：表中数值代表Pearson相关系数，***、**、*分别代表1%、5%和10%的显著水平。

二、回归结果分析

本书针对公共压力对企业环境信息披露水平产生的影响进行回归检验。首先,通过 Hausman 检验,确定采用固定效应模型进行回归检验,模型的检验结果如表 4-5 所示。

表 4-5　公共压力与企业环境信息披露的回归结果

变量	环境信息披露水平				
gr	0.032***	0.033***	0.033***	0.033***	0.033***
	(7.71)	(7.90)	(7.87)	(7.84)	(7.76)
media	−0.014				
	(−0.28)				
share	0.006*	0.006*	0.006*	0.006*	0.006*
	(1.79)	(1.87)	(1.88)	(1.84)	(1.87)
coe		0.110*			
		(1.82)			
promote			0.141**		
			(2.15)		
age				0.097	
				(1.58)	
origin					0.140**
					(2.21)
gr×coe		0.006			
		(1.25)			
gr×promote			0.007		
			(1.43)		
gr×age				0.008*	
				(1.71)	
gr×origin					0.002
					(0.32)
share×coe		0.006**			
		(2.52)			

续表

变量	环境信息披露水平				
share×promote			0.007**		
			(2.44)		
share×age				0.007***	
				(2.69)	
share×origin					0.006**
					(2.42)
gender		0.157	0.150	0.174	0.158
		(1.31)	(1.25)	(1.45)	(1.32)
edu		−0.098	−0.096	−0.083	−0.114
		(−1.21)	(−1.23)	(−1.04)	(−1.42)
size	0.459***	0.448***	0.450***	0.447***	0.446***
	(4.40)	(4.29)	(4.31)	(4.29)	(4.27)
debt	−0.003	−0.003	−0.003	−0.003	−0.003
	(−0.90)	(−0.77)	(−0.82)	(−0.75)	(−0.80)
roa	0.005	0.006	0.006	0.006	0.006
	(0.67)	(0.78)	(0.79)	(0.79)	(0.76)
type	−0.123	−0.135	−0.118	−0.133	−0.125
	(−0.44)	(−0.48)	(−0.42)	(−0.47)	(−0.44)
cr10	−0.012*	−0.011*	−0.011*	−0.011*	−0.011*
	(−1.88)	(−1.84)	(−1.85)	(−1.82)	(−1.86)
growth	0.004***	0.004***	0.004***	0.004***	0.004***
	(3.28)	(3.01)	(2.96)	(3.03)	(3.07)
年份	控制	控制	控制	控制	控制
R^2	0.296	0.302	0.302	0.303	0.301
F	63.51	48.86	48.99	49.04	48.77

注：括号内为 T 统计值，***、** 和 * 分别表示在1%、5%和10%水平上显著。

（一）公共压力与环境信息披露

表格的第二列是公式（4-1）的回归结果。其中，政府环境规制变量在1%水平下显著为正（$\beta=0.032$），说明政府环境规制的强度对企业环境信息披露水平存在显著的正向影响,假设 4-1 得到验证。企业的媒体关注度与环境信息披露水平之间不存在显著关系,假设 4-2 未能得到验证。原因可能在于两方面:一是由于国内环境保护意识还不够完善,媒体对于企业的监督作用未能真正发挥;二是媒体的监督作用存在时滞性。机构投资偏好在 10% 水平下显著为正($\beta = 0.006$),说明机构投资者的持股比例越高,越能促进企业真实、全面地披露环境信息,假设 4-3 得到验证。这说明企业的环境信息已经成为机构投资者在做出投资决策前重要的参考因素,而企业为了得到投资者的青睐,就会通过良好的环境披露行为来满足投资者的投资偏好。

(二)地方环保官员变更的调节作用

表格的第三列是公式(4-2)的回归结果。公式(4-2)在公式(4-1)的基础上引入了地方环保领导变更变量、地方环保领导变更变量和政府环境规制变量的交叉项、地方环保领导变更变量和机构投资偏好变量的交叉项,来进一步研究地方环境厅厅长变更对公共压力与企业环境信息披露水平之间的关系产生的影响。检验结果表明,地方环保领导变更和政府环境规制的交叉项系数不显著,地方环保官员变更和机构投资偏好的交叉项在 5% 水平下显著为正($\beta = 0.006$),说明地方环保官员变更能促进机构投资偏好对企业环境披露的正向影响,该结论部分验证了假设 4-4。研究结论表明,企业在面临生态环境厅厅长变更所带来的环境政策不确定性时,应对公共压力时的环境表现也会进一步提升,这归根究底是为了巩固其自身的合法性地位。

表格的第四列、第五列和第六列分别是公式(4-3)、公式(4-4)和公式(4-5)的回归结果。公式(4-3)、公式(4-4)和公式(4-5)在公式(4-2)的基础上,分别将地方环保领导变更变量替换为调任方式、年龄和来源地区,对地方环保领导变更的调节做用作进一步的异质性检验。检验结果显示,调任方式和机构投资偏好的交叉项在 5% 水平下显著为正($\beta = 0.007$),即官员以晋升的方式就任生态环境厅厅长会对公共压力与企业环境信息披露水平之间的关系起到正向调节作用;年龄和政府环境规制的交叉项在 10% 水平下显著为正($\beta = 0.008$),年龄和机构投资偏好的交叉项在 1% 水平下显著为正($\beta = 0.007$),即官员在不高于 55 岁时就任生态环境厅厅长会对公共压力与企业环境信息披露水平之间的关系起到正向调节作用;来源地区和机构投资偏好的交叉项在 5% 水平下显著为正($\beta = 0.006$),即官员在新地区上任生态环境厅厅长时,这一变更会对公共压力与企业环境信息披露水平之间的关系起到正向调节作用，以上结论进一步验证了假设 4-4。分析研究结论可知，相较于以平调方式上任，当官员以晋升方式就任生态环境厅厅长时，官员由于获得了更高的职位激励，其履职的主动性会增强。当地区整体的环境监管趋严时，公共压力对企业环境治理的能力也随之增强。当官员以不高于 55 岁的年龄就任生态环境厅厅长时，由于其距离退休还有一段职业生涯，该官员相对于其他年龄大于 55 岁（即将退休）的官员来说更有动力履职。由于官员在来源地任职时已建立起一定的人脉关系，因而调任后也会对其来源地区企业有一定的政策倾斜。所以，新的环境厅厅长上任后，相对于来源地企业，非来源地企业很可能要面临更严峻的外部压力，进而促进了企业的环境披露行为。

关于控制变量，各个模型基本获得了一致的结果。企业规模在 1% 水平下显著为正，表明规模越大的企业相对来说更注重企业的环境披露责任，所以企业的环境信息披露水平也越高；股权集中度的系数显著为负，说明企业的股权集中度越高，其履行环境信息披露的水平相对越低；公司成长率在 1% 水平下显著为正，说明企业的成长性越强，其环境信息披露水平也越高。

三、稳健性检验

（一）更换被解释变量的衡量方法

参考于连超等[171]的做法，本章以行业平均值为基准，对被解释变量环境信息披露水平进行标准化处理，以增强该指标的行业可比性。表 4-6 报告了采用标准化处理后的被解释变量的回归检验结果。结果显示，政府环境规制变量在 1% 水平下显著为正（$\beta=0.008$），机构投资偏好变量在 10% 水平下显著为正（$\beta=0.002$），即以政府环境规制和机构投资偏好为代表的公共压力对企业的环境信息披露水平起到显著的正向促进作用，支持假设 1 和 3。机构投资偏好和地方环保领导变更的交叉项系数在 5% 水平下显著为正（$\beta=0.002$），说明地方环保领导变更能显著加强机构投资偏好对企业环境披露的促进作用，支持假设 4。稳健性检验的结论与基准模型的检验结果一致，所以研究结果稳健可靠。

表 4-6 稳健性检验的回归结果

变量	环境信息披露水平(标准化处理)			环境信息披露水平	
gr	0.008***	0.009***	0.028***	0.032***	0.028***
	(7.71)	(7.90)	(6.61)	(7.54)	(6.65)
media	−0.004				
	(−0.28)				
share	0.002*	0.002*	0.006*	0.006*	0.007*
	(1.79)	(1.87)	(1.90)	(1.81)	(1.95)
coe		0.028*	0.057	0.066	0.080
		(1.82)	(0.95)	(1.09)	(1.33)
gr×coe		0.001	0.003	0.002	0.006
		(1.25)	(0.74)	(0.42)	(1.26)
share×coe		0.002**	0.006**	0.006**	0.006**
		(2.52)	(2.39)	(2.38)	(2.47)
gender		0.040	0.187	0.224*	0.143
		(1.31)	(1.56)	(1.86)	(1.20)
edu		−0.025	−0.065	−0.103	−0.056
		(−1.21)	(−0.81)	(−1.27)	(−0.70)
cos			0.162**	0.261***	
			(2.47)	(4.19)	
cog			0.296***		0.347***
			(4.65)		(5.76)
size	0.118***	0.115***	0.369***	0.406***	0.385***
	(4.40)	(4.29)	(3.54)	(3.90)	(3.71)
debt	−0.001	−0.001	−0.000	−0.002	−0.001
	(−0.90)	(−0.77)	(−0.11)	(−0.51)	(−0.18)

变量	环境信息披露水平(标准化处理)			环境信息披露水平	
roa	0.001	0.001	0.009	0.006	0.009
	(0.67)	(0.78)	(1.24)	(0.89)	(1.24)
type	−0.032	−0.035	−0.113	−0.127	−0.114
	(−0.44)	(−0.48)	(−0.40)	(−0.45)	(−0.41)
cr10	−0.003*	−0.003*	−0.010*	−0.010*	−0.010*
	(−1.88)	(−1.84)	(−1.66)	(−1.71)	(−1.72)
growth	0.001***	0.001***	0.003**	0.004***	0.003**
	(3.28)	(3.01)	(1.99)	(2.73)	(2.02)
年份	控制	控制	控制	控制	控制
R^2	0.296	0.302	0.317	0.309	0.314
F	63.51	48.86	46.51	47.44	48.76

注:括号内为 T 统计值,***、**和*分别表示在1%、5%和10%水平上显著。

(二)控制省长变更和省委书记变更的影响

根据环境库兹涅茨假说,环境质量与经济发展在经济发展初期存在着此消彼长的关系。大量实证研究也证实,省长和省委书记的变更会对当地的经济发展产生影响。基于此,本章假设省委书记、省长对经济发展的需求可能会影响生态环境厅厅长变更对当地企业环境披露的作用。那么,为避免省委书记和省长变更造成的研究结论的估计偏差,本章在式(4-2)的基础上进一步控制了省委书记变更 cos 和省长变更 cog 的影响。这两个变量的定义分别为:若当地省委书记/省长发生变动,变量赋值为1;若未发生变动,赋值为0。如果上任年份大于6月,则认为职位变动发生在下一年。本章在式(4-2)的基础上依次加入省委书记变更、省长变更、省委书记变更和省长变更,构建的模型如下:

$$\text{eid}_{i,t} = \beta_0 + \beta_1 \text{pp}_{i,t} + \beta_2 \text{coe}_{i,t} + \beta_3 \text{pp}_{i,t} \text{coe}_{i,t} + \sum \gamma_j \text{control}_{i,t} + \text{cos} + \text{cog} + \varepsilon_{i,t} \tag{4-6}$$

$$\text{eid}_{i,t} = \beta_0 + \beta_1 \text{pp}_{i,t} + \beta_2 \text{coe}_{i,t} + \beta_3 \text{pp}_{i,t} \text{coe}_{i,t} + \sum \gamma_j \text{control}_{i,t} + \text{cos} + \varepsilon_{i,t} \tag{4-7}$$

$$\text{eid}_{i,t} = \beta_0 + \beta_1 \text{pp}_{i,t} + \beta_2 \text{coe}_{i,t} + \beta_3 \text{pp}_{i,t} \text{coe}_{i,t} + \sum \gamma_j \text{control}_{i,t} + \text{cog} + \varepsilon_{i,t}$$

$$(4-8)$$

表 4-6 报告了控制省委书记变更和省长变更后的回归检验结果。结果显示,机构投资偏好和地方环保官员变更的交叉项系数都在 5% 水平下显著为正,支持假设 4,检验结果未发生改变。在三个模型中,省委书记变更和省长变更都显著为正,说明省市级行政区主要领导人的变更对当地的企业环境信息披露水平产生了促进作用。总体而言,稳健性检验的结论与基准模型的检验结果一致,所以研究结果稳健可靠。

本章小结

本章节以第三章中博弈分析的结论作为理论依据,由政府环境规制、媒体关注和机构投资偏好为切入点,基于固定效应回归模型,检验了三种公共压力的集合对公司环境信息披露行为的影响机制,同时考察地方生态环境部门领导变更所带来的环境政策不确定性对公共压力与环境披露水平之间关系的影响效应。本章节按照以下框架进行研究:第一节围绕公共压力与企业环境信息披露之间的关系和作用机制进行理论分析,并提出研究假设。第二节基于固定效应回归模型构建公共压力与企业环境信息披露水平的检验模型,以及环境政策不确定性的调节效应检验模型。第三节依据模型进行实证检验,分别就公共压力对企业环境信息披露水平的影响和环境政策不确定性起到的调节作用进行实证分析。并通过更换被解释变量和增加重要控制变量,进一步检验了实证结果的稳健性。最后基于实证检验结果,归纳总结得到以下研究结论:

第一,由政府环境规制和机构投资偏好构成的公共压力能够影响企业的环境信息披露行为。具体来说,固定效应模型(FEM)的回归结果显示,政府环境规制强度与企业的环境信息披露水平呈显著的正相关关系。当政府的环境监管力度不断加强时,企业会感受到更强的制度约束。为了避免违规风险,企业会及时调整自己的环境信息披露行为,真实地公开环境信息。机构投资偏好与企业的环境信息披露水平呈显著的正相关关系。当机构投资者持有更多的公司股份时，实质上也获得了在公司经营管理上更大的话语权。由于企业经营中的环境风险越来越受到重视，投资者会要求被投资企业公开更多的环境信息。而公司为了获得更多投资者的青睐，也会改变自身的环境披露策略以迎合机构投资者的信息需求。企业的媒体关注度与环境信息披露水平之间没有显著关系。这个研究结论与部分学者的观点是一致的。造成这一结果的原因可能是国内媒体还没有形成对企业的一种有效的外部监督机制，因而难以发挥对企业环境信息披露行为的促进作用。

　　第二，环境政策不确定性能够加强公共压力对企业环境披露的促进作用。回归结果显示，环境政策不确定性对公共压力与企业环境披露之间的关系起到显著的正向调节作用，且这一调节效应不受省主要领导人变更的影响。当地方环保领导发生人员变动时，当地的环境政策可能会更严格，也有可能会出现断层。针对这样的不确定因素，企业一方面急需建立新的政企关系，另一方面也需要消除投资者对于新的环境政策的担忧。因此企业会通过披露环境信息的方式来消除环境政策不确定性带来的影响。有关地方环保领导变更的异质性检验指出，当生态环境厅主要负责人属于晋升方式上任、年龄低于 55 岁时上任以及异地上任的情况时，这一人事变更能够进一步加强公共压力对企业环境信息披露水平的促进作用。

第五章　企业环境信息披露的驱动机制：
企业间的同群效应

本章将结合国内外学者们的相关研究和第三章中企业间的同群效应影响企业环境信息披露的理论分析,提出相关研究假设。然后,通过构建混合OLS回归模型,实证检验企业环境信息披露行为是否存在同群效应,以及企业环境披露同群效应的形成是否遵循频率模仿、特征模仿和结果模仿这三种形式。并通过引入同群效应强度(模仿程度)这一变量进一步考察企业环境信息披露的价值效应。本章的研究结论揭示了企业间环境信息披露模仿行为的形成规律,为环境信息披露的驱动研究提供了新的研究视角和理论支持。

第一节　研究假设

《中国上市公司环境责任信息披露评价报告》历年研究数据显示,中国上市公司出具环境责任报告的公司数量正逐年增加,上市公司环境信息披露决策已经由个别行为向整体趋势转变。在公司治理领域,同群效应是指特定群体中的一个或多个企业采取的特定行为会促使其他企业同样采取该行为,最终在组织间形成模仿和趋同的现象。对于同群效应的产生,新制度主义理论认为,每个组织通过模仿同一环境中其他组织的结构和行为来获得"合法性"认可,从而缓解环境压力和组织动荡[83]。在新制度主义理论的基础上,DiMaggio 和 Powell[141]进一步提出了模仿趋同的三种机制:强迫机制、模仿机制和社会规范机制。然后,基于新制度主义理论和组织学习理论,Haunschild 和 Miner[175]指出,组织间模仿对象的选择主要有三种方式:频率模仿、特征模仿和结果模仿。

一、企业环境信息披露同群效应的产生机制

（一）基于频率的模仿

基于频率的模仿代表企业倾向于模仿大多数其他企业采用的结构和行为[176]。而这种模仿行为追根溯源是企业追求组织合法性的一种反应,具体表现为与其他同类组织行为模式的最低受托标准保持一致[177]。换言之,企业在信息披露方面的相互模仿只需要达到最低标准,不需要成为"标杆",否则很容易招致"出头鸟"之嫌。根据这一惯例,企业在环境信息披露决策中会选择基于频率的模仿,即当许多同行公司都披露环境信息时,这种行为将被视为企业发展的有效方式。因此,对于整个行业来说,履行环境信息披露责任将成为一种趋势。这一观点也得到了许多研究学者的认同。

Aerts 等[178]认为,企业社会责任信息披露在行业中越常见,基于频率模仿越普遍,企业面临的模仿趋同压力越大。蒋尧明和郑莹[179]对中国上市公司社会责任披露的研究表明,企业在选择环境信息披露的模仿对象时具有趋同的特征。其中大部分的样本公司会选择沪深交易所发布的编制指引作为模仿对象,而剩余小部分公司则出于通过环境披露提升声誉的目的,选择以更为严苛的国际标准作为模仿对象。刘柏和卢家锐[180]以企业社会责任行为的动机为研究主题,通过实证研究验证了企业所处行业内的社会责任平均水平与企业本身的社会责任水平存在显著的正向关系,进而认为企业实施社会责任行为是一种"顺应潮流"的模仿行为。另外,曾江洪等[181]的研究显示,高科技企业的研发投入也存在同群效应,具体表现为行业研发投入的平均水平能够正向影响企业的研发投入水平,且这一同群效应随着地理位置的靠近和分析覆盖程度的上升会被放大。据此,本章提出如下假设:

假设 5-1:企业在环境信息披露决策中会选择模仿其他大多数企业,即本期企业的环境信息披露水平与上一期其他企业的平均环境信息披露水平呈正相关。

（二）基于特征的模仿

基于特征的模仿是指企业将一些拥有典型特征的其他企业作为模仿对象,这些特征通常是企业的规模或所属的战略集团。March 和 Olsen[182]的研究表明,当外部环境不确定时,企业会选择模仿同行公司中模范企业的行为,以避免风险。企业的规模越大,在同行业中享有的权威越高,越容易成

为模仿对象[183]。大公司通常被认为更可靠,他们的行为也更可信。模仿这样的企业可以降低探索的成本,是一个更高效的选择。这一观点已被大多数学者所认可。

例如,Han[184]对企业选择审计公司的研究表明,中型上市公司模仿行业领先者的势头更强,而小型公司由于成本原因会退而求其次,选择相应规模的审计公司。因此,模仿行为在一定程度上导致了审计行业的两极分化。傅超等人[185]以中国创业板上市公司的并购交易为研究对象,发现并购商誉容易受到同群公司的影响,主要模仿对象是行业领导者。Binay 和 Anup[186]提出,一项关于美国上市公司派息政策的研究表明,上市公司的派息政策(即股息和股票回购)存在同群效应,且在市场竞争激烈和信息环境更好的行业中尤为显著。而在模仿对象的选择上,规模和上市年龄相近的企业会成为主要的模仿对象。据此,本章提出如下假设:

假设 5-2:企业在环境信息披露决策中会选择模仿规模较大的企业,即本期企业的环境信息披露水平与上一期规模较大企业的平均环境信息披露水平呈正相关。

(三)基于结果的模仿

基于结果的模仿是指有目的性地模仿在某一实践领域取得成功的企业的行为。换言之,若特定的企业行为将产生明确的收益,则会激发企业的模仿动机,这里的收益通常是经济回报或企业声誉的提高[176]。同时,组织学习理论补充了企业选择模仿的动机。具体行为结果的不确定性是企业实施模仿行为的主要驱动力。为了规避可能的损失,在环境信息披露之前,企业将首先观察其他同群企业的战略决策的效果,然后判断是否模仿该战略。如果同群企业因实施环境信息披露而获得了良好的社会声誉或其他政策性收益,他们会认为通过模仿该策略获得该回报的可能性会增加。在此前提下,企业在环境信息披露决策中会选择基于结果的模仿。国内外的相关研究也支持这一观点。

Fernhaber 和 Li[187]对公司国际化战略选择的实证研究表明,新公司在实施国际化扩张时,会参照所在国同行业内其他公司的成功案例,做出国际化战略的区位选择,尤其是那些通过国际化战略取得高绩效的跨国公司。赵颖[188]的一项关于中国非金融类上市公司高管薪酬同群效应的研究表明,模仿其他企业增加高管薪酬的行为有助于提高企业价值,降低企业利润下降的风险，这在很大程度上可以解释近年来高管薪酬的持续上升。据此，本章提出以下假设：

假设 5-3：在环境信息披露决策中，企业会选择模仿在环境信息披露领域取得成就的企业，即本期企业环境信息披露水平与上一期环境责任优秀企业的平均环境信息披露水平呈正相关。

二、企业价值与环境信息披露的同群效应强度

随着公众环保意识的增强，企业环境信息公开已成为向外界传递环境治理信息的重要途径，有助于企业树立"有责任感"的社会形象，吸引投资者，提升企业价值[189,190]。然而，对于环境信息披露的同群效应对企业价值的影响，学者们持有不同的观点，主要的分歧在于环境信息披露的模仿行为是否有助于提升环境信息披露水平。

一些学者认为，当同群企业都客观真实地披露环境信息时，企业通过模仿其他企业的环境信息披露模式，能够提高企业自身的环境信息披露水平，进而提升企业价值。例如，Liu 和 Wu[191]的研究表明企业内部社会责任体系的形成在很大程度上受到同群企业的影响，企业的社会责任行为可以显著影响企业价值。Cao 等[192]的研究也表明，如果一个企业未能实施与其同群企业一致或相似的社会责任行动时，该企业的股市回报率将显著下降。其他学者认为，如果同群公司选择不披露或谎报环境信息，且当这种操纵信息的行为没有被及时惩罚时，公司可能会出于侥幸心理，或是迫于同群压力，选择不符合规定的环境信息披露行为。在这种情况下，企业价值可能会受到损害。例如，冯玲和崔静[193]的研究显示同群效应使得低价值的财务及会计数据在同群企业之间扩散，最终导致了企业在下一周期的估值降低。根据以上分析，本章提出正反两个假设。

假设 5-4a：企业环境信息披露的同群效应强度越高（模仿程度越高），企业的价值反应越好。

假设 5-4b：企业环境信息披露的同群效应强度越高（模仿程度越高），企业的价值反应越差。

第二节　研究设计

一、样本选择与数据处理

本章选取重污染行业 A 股上市公司作为研究对象,并选取 2015—2019 年的数据进行回归检验,以确保研究结果的时效性。在剔除数据缺失的样本和 ST(特别处理)上市公司的样本后,本章共获得 402 家公司的五年数据,共计 2 010 个样本观察值。在本章使用的变量数据中,环境信息披露水平是通过阅读上市公司的年度报告、社会责任报告和环境报告获得的,其他变量来自万得数据库。此外,所有连续变量均按照 1% 和 99% 分位进行 Winsorize 缩尾处理,以消除极端值对实证结果可靠性的影响。

二、模型设定与变量定义

(一)模型设定

本章基于混合 OLS 回归模型,就企业环境信息披露的同群效应进行实证检验,构建公式如下:

1. 基于频率模仿的企业环境信息披露同群效应的模仿路径检验

为了检验假设 5-1,企业在模仿同群企业的环境信息披露决策时是否遵循频率模仿,构建公式(5-1):

$$\mathrm{eid}_{i,t} = \beta_0 + \beta_1 \mathrm{market}_{i,t-1} + \sum \gamma_j \mathrm{controls}_{i,t} + \sum \mathrm{industry} + \sum \mathrm{year} + \varepsilon_{i,t}$$

$$(5\text{-}1)$$

式(5-1)中,被解释变量 $\mathrm{eid}_{i,t}$ 表示 i 企业在 t 期的环境信息披露水平,具体的变量说明详见变量定义部分;主要解释变量 $\mathrm{market}_{i,t-1}$ 表示在 $t-1$ 期的环境信息披露的市场平均水平,即剔除 i 企业后计算的年度环境披露均值;$\mathrm{controls}_{i,t}$ 表示控制变量,包括公司规模 size、公司性质 nature、公司盈利能力 roa、财务杠杆 lev、公司成长率 growth、公司流动性 liquidity、亏损与否 loss、公司 z 值 z、股权集中度 cr5、两职合一 duality、公司独董比例 ind_ratio、外部融资需求 fd、是否单独披露社会责任报告 csr、审计意见 opin、审计师规模

audit 等一系列可能影响企业环境信息披露的因素；industry 表示行业虚拟变量；year 表示年度虚拟变量；$\varepsilon_{i,t}$ 表示随机扰动项。

2. 基于特征模仿的企业环境信息披露同群效应的模仿路径检验

为了检验假设 5-2，企业在模仿同群企业的环境信息披露决策时是否遵循特征模仿，构建公式（5-2）：

$$\text{eid}_{i,t} = \beta_0 + \beta_1 \text{leader } 10_{i,t-1} + \sum \gamma_j \text{controls}_{i,t} + \sum \text{industry} + \sum \text{year} + \varepsilon_{i,t} \tag{5-2}$$

式（5-2）中，被解释变量为企业环境信息披露水平 $\text{eid}_{i,t}$；主要解释变量 leader $10_{i,t-1}$ 表示在 $t-1$ 期的环境信息披露的市场领先者水平，即市场领先者剔除 i 企业后的年度环境披露均值。其余变量的含义与前文相同。

3. 基于结果模仿的企业环境信息披露同群效应的模仿路径检验

为了检验假设 5-3，企业在模仿同群企业的环境信息披露决策时是否遵循结果模仿，构建公式（5-3）：

$$\text{eid}_{i,t} = \beta_0 + \beta_1 \text{esg}_{i,t-1} + \sum \gamma_j \text{controls}_{i,t} + \sum \text{industry} + \sum \text{year} + \varepsilon_{i,t} \tag{5-3}$$

式（5-3）中，被解释变量为企业环境信息披露水平 $\text{eid}_{i,t}$；主要解释变量 $\text{esg}_{i,t-1}$ 表示在 $t-1$ 期的环境责任优秀企业的披露水平，即环境责任优秀企业剔除 i 企业后的年度环境披露均值。其余变量含义与前文相同。

（4）企业价值与环境信息披露的同群效应强度

为了检验假设 5-4，企业环境信息披露的同群效应强度（模仿程度）是否会影响企业价值，构建公式（5-4）：

$$\text{value}_{i,t} = \beta_0 + \beta_1 \text{gei}_{i,t} + \sum \gamma_j \text{controls}_{i,t} + \sum \text{industry} + \sum \text{year} + \varepsilon_{i,t} \tag{5-4}$$

式（5-4）中，被解释变量 value 表示企业价值，即 i 企业在 t 期的年末股票总市值；主要解释变量 gei 表示 i 企业在 t 期的同群效应强度，即 i 企业与其同群企业在环境信息披露水平上存在的差异。其他变量的含义与前文基本一致。

（二）变量定义

1. 被解释变量

本章的被解释变量为环境信息披露水平 eid,这一变量的设置与第四章相同。借鉴宋晓华等[115]的评价体系,采用内容分析法对企业的环境信息披露水平进行定量描述,并最终形成了一个包含 3 个一级指标和 9 个二级指标的环境信息披露水平的指标体系,该指标体系的构造详见第四章。

2. 解释变量

(1)市场平均水平 market

市场平均水平变量指代企业选择频率模仿方式。本章借鉴沈洪涛和苏亮德[89]的做法,采用所有企业剔除样本企业后的环境信息披露均值来衡量市场平均水平变量。

(2)市场领先者水平 leader 10

市场领先者水平变量指代企业选择特征模仿方式。同样借鉴沈洪涛和苏亮德[89]的做法,采用资产排名为前 10% 的企业剔除样本企业后的企业环境信息披露均值来衡量市场领先者水平。

(3)环境责任优秀企业水平 esg

环境责任优秀企业水平变量指代企业选择结果模仿方式。参考 Haunschild 和 Miner[175]的研究思路,本章将在华证 ESG 评级中获得 A 级及以上评级的企业认定为在环境披露领域已获得一定成就的环境责任优秀企业。该变量的衡量方法是:环境责任优秀企业剔除样本企业后的企业环境信息披露均值。

(4)环境信息披露的同群效应强度 gei

借鉴赵颖[188]、冯戈坚和王建琼[194]的做法,本章采用企业与其同群企业间环境信息披露水平的差异作为衡量企业环境信息披露同群效应强弱的代理变量。同群差异水平越低则同群效应强度越大;反之,同群差异水平越大则同群效应强度越小。具体计算方法为目标企业的环境信息披露水平减去上一期其他企业的环境信息披露均值后取绝对值。

3. 控制变量

参考已有研究,本章选取如下控制变量:公司规模 size,以企业期末总资产的自然对数定义;公司盈利能力 roa,以企业总资产收益率定义;财务杠杆 lev,以企业资产负债率定义;公司成长率 growth,以企业主营业务收入增长率定义;公司流动性 liquidity,以企业流动净资产占总资产比例定义;亏损与否 loss,代表企业净利润正负的虚拟变量;公司 Z 值 z,Z 值的大小反映了企业的财务风险,Z 值越大,表明企业的财务状况越好,财务风险发生的可能性越小;公司性质 nature,代表企业产权性质的虚拟变量;股权集中度 cr5,以公司前五大股东持股比例之和定义;两职合一 duality,代表董事长和总经理是否为同一人的虚拟变量;公司独董比例 ind_ratio,以独立董事的人数占整个董事会的比例定义;外部融资需求 fd,以公司当年是否存在外部融资需求来设置虚拟变量;单独披露社会责任报告 csr,以公司是否单独披露社会责任报告来设置虚拟变量;审计意见 opin,以是否收到非标审计意见来设置虚拟变量;审计师规模 audit,以公司审计师是否属于国际四大会计师事务所来设置虚拟变量。此外,在检验模型中还加入了行业虚拟变量 industry 和年度虚拟变量 year 来控制年份和公司所处行业对企业环境信息披露产生的影响。变量的定义和计算方法如表 5-1 所示。

表 5-1　变量定义表

变量类型	变量名称	变量符名	变量定义
被解释变量	环境信息披露水平	eid	根据本文方法度量的环境信息披露分值
	企业价值	value	上市公司年末总市值的自然对数
解释变量	市场平均水平	market	全部样本公司剔除目标公司后的披露水平均值
	市场领先者水平	leader 10	资产规模排名前 10% 的公司剔除目标公司后的披露水平均值
	环境责任优秀企业水平	esg	ESG 评级为 A 及以上评级的公可剔除目标公司后的披露水平均值
	同群效应强度(同群差异)	gei	样本公司的环境信总披露水平减去市场平均水平后取绝对值

续表

变量类型	变量名称	变量符名	变量定义
控制变量	公司规模	size	公司期末总资产的自然对数
	盈利能力	roa	公司总资产收益率:公司净利润/总资产×100%
	财务杠杆	lev	公司资产负债率:期末负债总额/期末资产总额×100%
	公司成长率	growth	(本期与上期主营业务收入之差)上期主营业务收入×100%
	公司流动性	liquidity	(公司流动资产与流动负债之差)/总资产×100%
	亏损与否	loss	公司当期的净利润为负数,取值为1,其他情况取值为0
	公司Z值	z	公司的财务风险指标,数据来源:万得数据
	公司性质	nature	公司产权性质为国有企业,取值为1,其他情况取值为0
	股权集中度	cr5	公司前五大股东持股比例之和
	两职合一	duality	董事长和总经理由不同人担任,取值为1,其他情况取值为0
	公司独董比例	ind_ratio	公司独立董事人数占整个董事会的百分比
	外部融资需求	fd	公司在当年进行过配股、增发、发行可转债或取得大额的银行贷款,取值为1,若没有上述行为,取值为0
	是否单独披露社会责任报告	csr	公司单独披露社会责任报告,取值为1,其他情况取值为0
	审计意见	opin	公司财务报表得到非标审计意见,取值为1,其他情况取值为0
	审计师规模	audit	审计师属于国际四大会计师事务所,取值为1,其他情况取值为0

第三节　实证结果与分析

一、描述性统计

变量的描述性统计见表 5-2。由表 5-2 可知，样本公司环境信息披露水平 eid 的平均值为 7.227，说明现阶段中国重污染行业企业的环境信息披露水平整体处于中等偏下水平，企业之间的环境信息透明度存在一定的差异（$\sigma =$ 3.915）。比较 market、leader10 和 esg 的平均值可知，市场领先者水平 leader10 最高，环境责任优秀企业水平 esg 次之，市场平均水平 market 最低，说明市场领先者企业的环境信息透明度相对于其他企业来说最好的。样本公司的企业价值 value 经过对数化处理后不存在较大的差异（$\sigma =$ 0.958）。同群效应强度 gei 的均值为 3.18，标准差为 2.172，这说明重污染企业之间在环境信息披露上的模仿程度存在一定的差异。关于控制变量的描述性统计，样本公司的企业规模 size 在经过对数化处理后不存在较大的差异，样本公司中有 46.8% 属于国有企业，资产净利润率 roa 平均为 4.317%，资产负债率 lev 平均为 42.18%，平均主营业务收入增长率 growth 为 10.52%，公司流动性比例 liquidity 平均为 13.9%，有 8.36% 的公司处于亏损状态，样本公司的财务状况虽然平均处于低财务风险状态，但存在较大差异。样本公司的前五大股东持股比例 cr10 的均值为 53.61%，有 78.3% 的公司采用两职分离的管理模式，平均独董比例为 37.26%，有 90.4% 的样本公司存在外部融资行为，有 52.1% 的公司单独披露社会责任报告，有 1.79% 的样本公司的财务报表得到非标审计意见，有 10% 的样本公司聘请了国际四大会计师事务所的审计师。

表 5-2　变量的描述性统计

Table 5-2　Descriptive statistics of variables

变量代码	样本数 N	平均值 x^2	标准差 σ	最小值 min	最大值 max
eid	2 010	7.227	3.915	0	17
market	2 010	7.227	0.753	6.085	8.032

续表

变量代码	样本数 N	平均值 x^2	标准差 σ	最小值 min	最大值 max
leader10	2 010	9.574	0.816	8.077	10.59
esg	2 010	8.190	0.906	6.769	9.230
size	2 010	22.82	1.382	20.38	26.55
nature	2 010	0.468	0.499	0	1
roa	2 010	4.317	5.320	−13.17	20.87
lev	2 010	42.18	18.71	6.031	80.46
growth	2 010	10.52	24.81	−40.58	110.99
liquidity	2 010	13.90	24.01	−36.52	67.64
loss	2 010	0.083 6	0.277	0	1
z	2 010	5.418	6.233	0.216	38.54
cr5	2 010	53.61	15.50	22.28	92.12
duality	2 010	0.783	0.413	0	1
ind_ratio	2 010	37.26	5.280	33.33	57.14
fd	2 010	0.904	0.295	0	1
csr	2 010	0.521	0.500	0	1
opin	2 010	0.017 9	0.133	0	1
audit	2 010	0.100	0.301	0	1
area	2 010	7.227	1.650	1	16
gei	2 010	3.180	2.172	0.0125	9.539
value	2 010	22.96	0.958	21.23	25.90

主要变量之间的相关系数分析详见表 5-3。环境信息披露水平 eid 与市场平均水平 market、环境责任优秀企业水平 esg 呈显著正相关,相关系数分别为 0.121 和 0.118,假设 5-1 和假设 5-3 初步得到支持。被解释变量与控制变量 size、nature、lev、liquidity、z、cr5、duality、csr、opin 和 audit 都呈显著正相关或负相关,表明控制这些变量是恰当的。

表5-3　相关性分析

	eid	market	leader10	esg	size	nature	roa	lev	growth	liquidity	loss	z	cr5	duality	Ind_ratio	fd	csr	opin	audit
eid	1																		
market	0.121***	1																	
leader10	0.019	0.992***	1																
esg	0.118***	0.996***	0.990***	1															
size	0.324***	0.070***	0.037	0.068***	1														
nature	0.220***	–0.003	–0.027	–0.004	0.413***	1													
roa	0.034	0.007	0.005	0.012	0.002	–0.121***	1												
lev	0.149***	0.021	0.006	0.021	0.534***	0.241***	–0.394***	1											
growth	0.020	–0.137***	–0.121***	–0.119***	0.032	–0.099***	0.281***	0.014	1										
liquidity	–0.169***	–0.001	0.019	0.001	–0.494***	–0.240***	0.339***	–0.792***	0.030	1									
loss	–0.032	0.034	0.039	0.035	–0.072***	0.034	–0.556***	0.164***	–0.208***	–0.129***	1								
z	–0.200***	–0.174***	–0.158***	–0.177***	–0.478***	–0.155***	0.317***	–0.684***	–0.017	0.605***	–0.084***	1							
cr5	0.130***	–0.011	–0.027	–0.012	0.468***	0.258***	0.095***	0.153***	–0.007	–0.149***	–0.059***	–0.110***	1						
duality	0.071***	–0.006	–0.014	–0.006	0.132***	0.247***	–0.028	0.082***	–0.054**	–0.093***	–0.028	–0.050**	0.034	1					
Ind_ratio	0.002	0.038	0.039	0.038	0.037*	0.004	–0.061***	0.024	–0.004	–0.014	0.029	–0.039*	0.070***	–0.097***	1				
fd	0.026	0.033	0.031	0.035	0.262***	0.004	–0.159***	0.391***	0.052**	–0.389***	0.001	–0.434***	0.034	0.008	–0.001	1			
csr	0.391***	0.011	–0.031	0.009	0.385***	0.239***	0.092***	0.116***	–0.034	–0.096***	–0.038*	–0.086***	0.206***	0.062***	0.005	0.022	1		
opin	–0.038*	0.120***	0.124***	0.116***	–0.030	–0.097***	–0.164***	0.071***	–0.103***	–0.039*	0.122***	–0.053**	–0.037	–0.011	0.008	0.031	–0.036	1	
audit	0.054**	0.005	0.001	0.004	0.410***	0.214***	0.033	0.121***	–0.017	–0.114***	–0.023	–0.116***	0.314***	0.028	0.098***	0.053**	0.237***	–0.033	1

注：表中数值代表Pearson相关系数，***、**、*分别代表在1%、5%、10%的水平上显著。

二、回归结果分析

(一)关于环境信息披露同群效应模仿路径的检验

表 5-4 的第 2 列是公式(5-1)的回归结果。其中,市场平均水平变量 market
在 1%水平下显著为正($\beta=0.545$),表明企业在环境披露决策中选择模仿代表大
多数企业的市场平均水平,即存在频率模仿,假设 5-1 得到支持。表 5-4 的第 3
列是公式(5-2)的回归结果。其中,市场领先者水平变量 leader 10 的回归系数不
显著,假设 5-2 不受支持,结果表明企业不会选择模仿市场领导者的环境信息披
露行为。这可能是由于市场领导者的环境信息披露水平总体较高,其最低值远
高于所有样本企业的环境信息披露平均值,这使得企业很难模仿市场领导者的
环境信息披露表现。表 5-4 的第 4 列是公式(5-3)的回归结果。其中,环境责任
优秀企业水平变量 esg 在 1%水平下显著为正($\beta=0.444$),表明企业的环境披露
决策中存在模仿环境责任优秀企业的行为,即存在结果模仿,假设 5-3 得到支持。

表 5-4 企业环境信息披露同群效应的回归结果

	环境信息披露水平			企业价值
market	0.545***			
	(4.02)			
leader 10		−0.009		
		(−0.07)		
esg			0.444***	
			(3.77)	
gei				0.014**
				(2.01)
size	0.564***	0.590***	0.566***	
	(5.33)	(5.56)	(5.35)	
nature	0.719***	0.726***	0.720***	0.051
	(3.48)	(3.49)	(3.48)	(1.42)

续表

	环境信息披露水平			企业价值
roa	0.004	0.012	0.005	0.064***
	(0.19)	(0.52)	(0.21)	(16.13)
lev	−0.023***	−0.025***	−0.023***	0.008***
	(−2.64)	(−2.84)	(−2.65)	(5.51)
growth	0.001	0.000 1	0.001	0.001*
	(0.36)	(0.04)	(0.34)	(1.70)
liquidity	−0.008	−0.007	−0.008	−0.001
	(−1.34)	(−1.10)	(−1.33)	(−1.25)
loss	0.009	0.082	0.013	0.202***
	(0.02)	(0.20)	(0.03)	(3.03)
z	−0.078***	−0.097***	−0.079***	0.011***
	(−3.34)	(−4.13)	(−3.39)	(3.12)
cr5	0.004	0.003	0.004	0.014***
	(0.63)	(0.46)	(0.62)	(12.35)
duality	−0.041	−0.054	−0.042	0.060
	(−0.19)	(−0.25)	(−0.20)	(1.57)
Ind_ratio	−0.000	0.002	−0.000	0.002
	(−0.02)	(0.12)	(−0.01)	(0.85)
fd	−0.792**	−0.831**	−0.795**	0.314***
	(−2.39)	(−2.49)	(−2.40)	(5.37)
csr	2.700***	2.692***	2.702***	
	(13.07)	(12.95)	(13.06)	
opin	−0.669	−0.388	−0.652	−0.129
	(−1.04)	(−0.60)	(−1.02)	(−1.10)

续表

	环境信息披露水平			企业价值
audit	-1.558^{***}	-1.584^{***}	-1.561^{***}	0.717^{***}
	(-4.91)	(-4.96)	(-4.91)	(13.23)
年份	控制	控制	控制	控制
行业	控制	控制	控制	控制
R^2	0.262	0.254	0.261	0.511
F	19.99	19.22	19.90	79.68

注:括号内为 T 统计值,***、** 和 * 分别表示在 1%、5% 和 10% 水平上显著。

在控制变量的回归结果中,企业环境信息披露水平 eid 与公司规模 size 呈显著正相关,表明企业规模越大,环境信息披露的透明度越高;企业环境信息披露水平与财务杠杆 lev、公司 Z 值 z 呈显著负相关,表明公司的财务杠杆和财务风险越高,环境信息披露水平就越低;当企业存在外部融资需求 fd 时,其环境披露透明度相对较低,这可能是为了降低潜在环境风险暴露的可能性。总体来说,企业财务控制变量的回归结果表明企业的环境披露决策需要企业具备良好的基本面特征。此外,研究结果还表明,国有企业的环境信息披露水平通常高于非国有企业。公司治理控制变量的回归结果显示,企业选择单独披露社会责任报告 csr 时,其环境披露透明度也较高;企业选择四大国际会计师事务所审计时,其环境披露水平相对较低。

(二)排除地区同群效应

本书从企业间的频率模仿、特征模仿和结果模仿三个方面对同群效应的产生机制进行研究。然而,仍然存在一种可能性:当企业在同一省份处于类似的市场环境时,他们可能会选择雷同的环境信息披露策略。鉴于上述原因,为了避免本书研究的同群效应与地区同群效应之间的重叠,在式(5-1)、式(5-2)和式(5-3)中分别引入地区环境披露水平变量 area,以控制地区同群效应。

$$\mathrm{eid}_{i,t} = \beta_0 + \beta_1 \mathrm{market}_{i,t-1} + \beta_2 \mathrm{area}_{i,t-1} + \sum \gamma_j \mathrm{controls}_{i,t} +$$
$$\sum \mathrm{industry} + \sum \mathrm{year} + \varepsilon_{i,t} \tag{5-5}$$
$$\mathrm{eid}_{i,t} = \beta_0 + \beta_1 \mathrm{leader}\,10_{i,t-1} + \beta_2 \mathrm{area}_{i,t-1} +$$

$$\sum \gamma_j \, controls_{i,t} + \sum industry + \sum year + \varepsilon_{i,t} \qquad (5\text{-}6)$$

$$eid_{i,t} = \beta_0 + \beta_1 \, esg_{i,t-1} + \beta_2 \, area_{i,t-1} + \sum \gamma_j \, controls_{i,t} + \qquad (5\text{-}7)$$

$$\sum industry + \sum year + \varepsilon_{i,t}$$

其中,$area_{i,t-1}$表示$(t-1)$期与i企业在相同省份的其他企业(不包括i企业)的环境信息披露平均水平。式(5-5)、式(5-6)和式(5-7)分别在式(5-1)、式(5-2)和式(5-3)的基础上引入了地区环境披露水平 area 来控制地区同群效应,以上模型的检验结果详见表5-5。表5-5的第2至4列是公式(5-5)至公式(5-7)的回归结果。其中,企业环境披露水平与地区环境披露水平呈显著正相关,这表明在同一省份内,企业的环境披露决策确实存在相互模仿的现象。同时,在控制地区同群效应后,市场平均水平和环境责任优秀企业水平依旧显著正向影响企业环境披露水平;市场领先者水平的回归系数不显著,拒绝假设 5-2。这一结果与前文是基本一致的。可见,排除地区同群效应的干扰后,企业的环境信息披露决策仍然存在频率模仿和结果模仿两种方式,说明前文的验证是稳健可靠的。

(三)企业价值与环境信息披露的同群效应强度

表 5-4 的最后一列报告了企业环境信息披露的同群效应强度与企业价值的回归检验结果。其中,同群效应强度变量 gei 在 5% 的水平下显著为正($\beta=0.014$),说明企业环境信息披露的同群效应强度越大(同群差异越小),企业价值越高,假设 5-4a 得证。同群差异越小,意味着企业之间的环境信息披露水平越接近。重污染企业通过采取与行业内其他企业类似的环境披露策略来获得外部环境的认可,带来了企业价值的提升。这也表明,随着我国环境政策执行力度的不断加大,投资者的环境保护意识逐渐增强,对企业环境信息披露的关注度越来越高。在控制变量的回归结果中,roa、lev、growth、loss、z、cr5、fd、audit 的系数都显著为正,说明上市公司的盈利能力越强,企业价值越高;企业财务杠杆越高,企业价值越高;企业成长能力越强,企业价值越高;企业当期处于亏损状态,企业价值可能越高;财务风险越小,企业价值越高;股权分布越集中,企业价值越高;外部融资行为会带来企业价值的提升;企业聘用的审计师规模越大,企业价值越高。

三、稳健性检验

第一,排除地区同群效应的干扰后,检验结果没有发生变化。第二,置换被解释变量。本章参考沈洪涛和苏亮德[89]、王垒等[195]的做法,以环境信息披露的相对水平代替绝对水平作为被解释变量进行回归检验。具体做法是将企业的实际得分除以最大可能得分的最终值作为环境信息披露指数,代表环境信息披露的相对水平。表5-5报告了这一检验结果,以环境信息披露指数为被解释变量时,市场平均水平($\beta = 0.545$, $p < 0.01$)和环境责任优秀企业水平($\beta = 0.444$, $p < 0.01$)对环境信息披露指数均有显著的正向促进作用。同群效应强度对企业价值存在显著的正向促进作用($\beta = 0.253$, $p < 0.05$)。与前文相比,实证结果没有发生实质性变化,研究结论稳健可靠。

表 5-5　稳健性检验的回归结果

	环境信息披露水平						企业价值
market	0.393***			0.545***			
	(2.64)			(4.02)			
leader 10		−0.234*			−0.009		
		(−1.82)			(−0.07)		
esg			0.305**			0.444***	
			(2.36)			(3.77)	
gei							0.253**
							(2.01)
size	0.547***	0.557***	0.548***	0.031***	0.033***	0.031***	
	(5.17)	(5.27)	(5.18)	(5.33)	(5.56)	(5.35)	
nature	0.697***	0.685***	0.697***	0.040***	0.040***	0.040***	0.051
	(3.38)	(3.31)	(3.37)	(3.48)	(3.49)	(3.48)	(1.42)
roa	0.007	0.017	0.008	0.000	0.001	0.000	0.064***
	(0.32)	(0.74)	(0.35)	(0.19)	(0.52)	(0.21)	(16.13)

续表

	环境信息披露水平						企业价值
lev	-0.025^{***}	-0.027^{***}	-0.025^{***}	-0.001^{***}	-0.001^{***}	-0.001^{***}	0.008^{***}
	(-2.78)	(-3.08)	(-2.80)	(-2.64)	(-2.84)	(-2.65)	(5.51)
growth	0.001	-0.001	0.001	0.000	0.000	0.000	0.001^{*}
	(0.19)	(-0.26)	(0.16)	(0.36)	(0.04)	(0.34)	(1.70)
liquidity	-0.009	-0.007	-0.009	-0.000	-0.000	-0.000	-0.001
	(-1.39)	(-1.17)	(-1.38)	(-1.34)	(-1.10)	(-1.33)	(-1.25)
loss	-0.021	0.029	-0.018	0.000	0.005	0.001	0.202^{***}
	(-0.05)	(0.07)	(-0.04)	(0.02)	(0.20)	(0.03)	(3.03)
z	-0.084^{***}	-0.106^{***}	-0.085^{***}	-0.004^{***}	-0.005^{***}	-0.004^{***}	0.011^{***}
	(-3.59)	(-4.56)	(-3.65)	(-3.34)	(-4.13)	(-3.39)	(3.12)
cr5	0.004	0.003	0.004	0.000	0.000	0.000	0.014^{***}
	(0.63)	(0.45)	(0.61)	(0.63)	(0.46)	(0.62)	(12.35)
duality	-0.051	-0.072	-0.053	-0.002	-0.003	-0.002	0.060
	(-0.24)	(-0.34)	(-0.25)	(-0.19)	(-0.25)	(-0.20)	(1.57)
Ind_ratio	-0.002	-0.001	-0.002	-0.000	0.000	-0.000	0.002
	(-0.14)	(-0.09)	(-0.14)	(-0.02)	(0.12)	(-0.01)	(0.85)
fd	-0.792^{**}	-0.826^{**}	-0.795^{**}	-0.044^{**}	-0.046^{**}	-0.044^{**}	0.314^{***}
	(-2.39)	(-2.49)	(-2.40)	(-2.39)	(-2.49)	(-2.40)	(5.37)
csr	2.675^{***}	2.634^{***}	2.674^{***}	0.150^{***}	0.150^{***}	0.150^{***}	
	(12.95)	(12.72)	(12.94)	(13.07)	(12.95)	(13.06)	
opin	-0.789	-0.596	-0.778	-0.037	-0.022	-0.036	-0.129
	(-1.23)	(-0.93)	(-1.21)	(-1.04)	(-0.60)	(-1.02)	(-1.10)
audit	-1.516^{***}	-1.501^{***}	-1.516^{***}	-0.087^{***}	-0.088^{***}	-0.087^{***}	0.717^{***}
	(-4.77)	(-4.72)	(-4.77)	(-4.91)	(-4.96)	(-4.91)	(13.23)

续表

	环境信息披露水平						企业价值
area	0.150**	0.259***	0.157***				
	(2.49)	(4.32)	(2.60)				
年份	控制	控制	控制	控制	控制	控制	控制
行业	控制	控制	控制	控制	控制	控制	控制
R^2	0.265	0.263	0.264	0.262	0.254	0.261	0.511
F	19.58	19.41	19.52	19.99	19.22	19.90	79.68

注:括号内为 T 统计值,***、**和*分别表示在1%、5%和10%水平上显著。

本章小结

本章以新制度主义理论的模仿趋同为理论框架,从研究同群公司环境信息披露行为的相互影响入手,探讨中国重污染行业上市公司的环境信息披露行为是否存在同群效应,以及同群效应产生的机制是什么的问题。本章节按照以下框架进行研究:第一节主要围绕企业环境信息披露同群效应的产生机制和影响进行理论分析,并提出研究假设。第二节基于混合 OLS 回归方法构建企业环境披露同群效应产生机制的检验模型,验证环境披露同群效应的产生是否遵循频率模仿、特征模仿和结果模仿这三种方式。另外,本书还通过实证研究,验证了企业环境信息披露的同群效应强度对企业价值的影响。第三节依据模型进行实证检验,分别就企业环境信息披露同群效应产生的三种机制,以及同群效应强度对企业价值的影响进行实证检验。然后,通过改变被解释变量和控制地区同群效应的方法来进行稳健性检验。最后,根据实证检验结果,总结出以下研究结论:

第一,企业的环境信息披露行为存在同群效应,在排除地区同群效应的干扰后,这一效应依旧显著存在。换言之,同群企业的环境信息披露水平越高,企业自身的环境信息披露水平也就越高。这表明重污染行业上市公司通常会模仿同群公司的环境信息披露策略,这是因为若企业未能与行业内的其他企业在环境披露策略上保持步调一致,其本身经营活动的合法性就容易遭受质疑，成为"众矢之的"。为了避免这样的情况发生，企业会倾向于通过模仿相同环境内其他企业的行为来获得外界的认可。第二，企业环境信息披露同群效应的形成机制包括两种形式：频率模仿和结果模仿。无论是通过环境信息披露的绝对水平还是相对水平进行检验，都支持上述研究结果。以上结果说明，企业在环境披露决策中的模仿对象是大多数企业和已经在环境信息披露领域取得一定成就的企业。将大多数其他企业作为模仿对象，追根溯源是企业追求组织合法性的表现。法不责众，当组织与其同类组织的行为标准保持一致时，其本身的行为就会被外界认定为一种行之有效的方式。而将某一领域的成功企业作为模仿对象，则是企业为了提高环境信息披露成功率的表现。企业在实施一项新的公司策略前，都要做好成功和失败的两手准备。而模仿已经在某一领域或策略上获得成功的企业，则会大大提高企业试水的成功率。比如，在天猫推出双十一购物节并大获成功之后，京东、苏宁等电商平台也紧随其后推出了类似的购物节活动并收获了不错的成绩。另外，本章的研究结果也表明企业在环境披露策略上不会选择模仿市场领先者的环境披露行为。描述性分析指出，市场领导者的环境信息披露水平普遍较高，其最低值远高于所有样本企业的环境信息披露平均值。这就使得模仿市场领先者企业的环境信息披露策略具有较大的难度，其他企业出于成本控制的考虑不会选择模仿。第三，企业环境信息披露的同群效应强度与企业价值显著正相关。换言之，企业与同群企业之间的环境信息披露水平差异越小（同群效应的强度越大），企业价值的反映越好。随着公众环境保护意识的增强，企业环境信息披露决策已成为企业向外部利益相关者传递环境治理信息的重要途径。这将有助于企业树立良好的企业形象，吸引投资者，提升企业价值。而若是企业未能与其同群企业一致或类似地实施某项社会责任行动，该企业就在社会责任领域丧失了竞争优势，很可能会面临投资者流失的问题。

第六章　企业如何应对利益相关者压力：反应型披露还是前瞻型披露

　　本书的第三章围绕利益相关者如何驱动企业环境信息披露的问题进行理论分析。第四章和第五章从利益相关者压力视角出发，分别就公共压力和企业间的同群效应对企业环境信息披露的影响机制进行了实证检验。本章从问题的实践意义出发，选取两家不同行业、不同所有权性质的典型企业进行案例分析。首先，通过实地观察、半结构化访谈、搜集企业内部文档及其他二手资料进行数据搜集。然后，基于数据编码、案例内分析和跨案例分析，提炼出利益相关者压力变化与企业环境信息披露表现之间存在的关系。最后，本章从动态视角归纳了利益相关者压力影响企业环境信息披露的微观路径，并验证了前文中公共压力和企业间的同群效应影响企业环境信息披露的实证结果，使得研究结论更稳健、更具有实践意义。

第一节　利益相关者压力影响企业环境信息披露的案例研究设计

一、案例研究方法的选择

　　案例研究是被运用于探索经济现象中事例证据及变量之间相互关系的质性研究方法[196]，能够回答"为什么"和"怎么样"的问题。而依据研究样本的个数，案例研究可以分为单案例和多案例研究。其中，多案例研究通过对两个或两个以上案例间的相互印证来实现理论建构。相较于单案例研究，多案例研究有助于提高研究的效度，增强研究结论的普适性。

　　本章选取两个案例企业进行纵向案例研究，主要归因于以下几个方面：(1)本研究探讨的是利益相关者压力"怎么样"驱动企业的环境信息披露，属于案例研究回答的"为什么"和"怎么样"问题的范畴。(2)企业环境信息披露的发展是一个动态且复杂的过程。纵向案例基于时间顺序来构建因果证据链,能够对企业环境信息披露的不同阶段和期间利益相关者压力的变化进行动态的刻画与剖析,有利于提高研究的内部效度。(3)相较于单案例研究,多案例研究使得研究者能够观察到企业环境信息披露的不同发展路径,并通过相互印证来获得更具普适性的结论,提高了研究的外部效度。

二、案例选择

根据 Eisenhardt[197] 的建议,本章主要遵循以下标准进行案例对象的选择:

(1)契合主题原则。两家案例企业都有至少 10 年以上的环境信息披露经验,且呈现出不同阶段的特征,与研究主题契合。2001 年以来,GJ 公司的环境信息披露表现从以反应型环境信息为主转变为以前瞻型环境信息为主。而 HF 公司自 2011 年实施环境信息披露以来,都是以反应型环境信息为主,但其环境信息披露质量自 2018 起开始趋于规范化。

(2)典型性原则。两家案例企业在实施环境信息披露的初期阶段,都呈现出以反应型环境信息为主的特征,而这也是目前多数中小企业采取的一个环境信息披露战略,因此案例企业具有代表性。

(3)信息的可获性原则。两家案例企业均为重污染行业上市公司,其披露的环境信息相对全面,能够从巨潮资讯网和公司官网上获取公司年度报告、社会责任报告等与研究相关的数据材料,这为案例研究的数据搜集部分提供了便利。案例企业的基本信息如表 6-1 所示。

表 6-1　案例企业基本信息

企业简称	GJ 公司	HF 公司
上市公司	1996 年	2010 年
所有制性质	地方国有企业	民营企业
行业类型	酒类	化肥农药

续表

企业简称	GJ 公司	HF 公司
经营状况	GJ 公司是中国老八大名酒企业,中国制造业 500 强企业。以"贡献美酒、乐享生活"为企业使命,致力于"做中国最受欢迎、最受尊重的白酒企业"。公司于 2001 年开始进行环境信息披露工作	HF 公司是一家集研发、生产、国内国际贸易为一体的国家农药定点骨干生产企业。公司创建 20 多年以来,已成功跻身农化行业全国 5 强的上市公司行列,在行业内率先通过 ISO 三大体系认证。公司于 2011 年开始进行环境信息披露工作

三、数据来源

为了提高案例研究的构念效度,本章基于三角验证方法,从多重证据来源进行数据搜集,具体如下:

(1)半结构化访谈。研究者分别对两家案例企业的上海分公司总经理、财务总监和环境专员等人进行了深度访谈,每次访谈时间控制在 40 分钟以内。访谈对象都已在企业工作超过两年以上,且对于企业的环境披露管理情况有较为全面的了解,在一定程度上保证了信息的真实性。访谈内容主要围绕企业环境披露管理历程、企业实施环境披露管理的具体措施、如何看待利益相关者压力对企业环境披露的影响等方面。访谈过程中,研究者参观了案例企业的展示中心和生产车间。在访谈结束后,研究者仍与访谈对象通过电话访谈和邮件等形式进行沟通,以备后续资料的补充。

(2)内部文档。研究者一方面从公司官网、行业协会网站下载有关企业的环境管理信息,另一方面通过访谈者获取了部分环保会议记录和企业员工环保培训的相关记录。

(3)外部文档。一是从巨潮资讯网下载企业年度报告、社会责任报告、可持续发展报告以及企业收到的《行政处罚决定书》等材料,来了解案例企业的环境披露等信息;二是通过万得数据库对与企业相关的机构投资者动态、企业报道和行业报道进行搜集和整理;三是通过知网、万方等期刊数据库检索有关两家案例企业的相关文献研究。

四、数据分析

本章根据 Eisenhardt[197] 的建议采用案例内分析与案例间比较的方法进行数据分析。本书首先通过对单个案例进行编码分析,初步形成各概念间的关系及其模式。案例内分析之后,通过进行案例间的比较,来了解不同案例的异同,寻找跨案例的共同模式。

本章的编码分析主要遵循以下步骤:(1)建立文本。研究者根据收集到的访谈、观察及文件等资料,通过整理形成电子文档。(2)发展编码类别。本章借鉴 Strauss[198] 的方法,依照开放编码、主轴编码和选择编码三个阶段来对文本进行数据处理。第一步,进行开放编码。首先,研究者通过仔细阅读文本材料,初步筛选出与本书主题"企业环境信息披露及其影响因素"相关的各个段落。然后按照内容与性质的相近程度对各个段落加以整理归类,并提炼出对应的副范畴。针对含义不明确或者存在争议的段落,研究者在咨询专家学者后进行删减或者修订,以降低个人主观判断而造成的编码结果偏差。第二步,进行主轴编码。本章运用 Strauss 和 Corbin[199] 提出的编码范式"原因条件→现象→情境条件→中介条件→行动/互动策略→结果",将初始编码后得到的各个概念(副范畴)逻辑性地联结在一起形成 6 个主范畴,分别为政府压力、媒体压力、机构投资者压力、同群压力、反应型环境信息和前瞻型环境信息。第三步,进行选择性编码。通过两阶段编码后,本书的脉络已经逐渐清晰,接下来将主轴编码后得到的主范畴进行整合与凝练,提炼出一个可以简明扼要地说明全部现象的核心。本章通过三级编码总结出以政府压力、机构投资者压力和同群压力为主的利益相关者压力影响企业环境信息披露表现的作用机理。

第二节　案例内分析

一、GJ 公司

首先,收集并梳理 GJ 公司自 2001 年起开展信息披露工作以来的所有年报、半年报、社会责任报告、可持续发展报告等包含环境信息的公司公告。然后,通过数据分析,对企业实施环境信息披露的不同阶段进行划分。具体的划分标准为当企业披露的环境事项在某一时点存在明显变化时,则认定该时间点为企业环境信息披露的转型点。GJ 公司环境信息披露的阶段划分详见表 6-2 所示。

表 6-2　GJ 公司环境信息披露阶段划分

阶段	第一阶段:2001—2012 年	第二阶段:2013—2021 年
表现形式	主要表现为反应型环境信息披露:企业披露的环境信息内容较少且分散,以环境污染治理情况为主	主要表现为前瞻型环境信息披露:2013 年起,公司发布社会责任报告,并以单独章节披露公司的环境保护与可持续发展情况

(一)第一阶段环境信息披露特点和驱动分析

1.环境信息披露的特点:以反应型环境信息披露为主导

GJ 公司于 1996 年在深圳主板上市交易。2001 年起,公司开始通过《证券时报》《上海证券报》和香港《大公报》三家报刊以及巨潮资讯网等官方途径进行上市公司信息披露工作。在 GJ 公司实施信息披露工作的初期阶段,涉及环境信息的内容较少,没有形成单独的章节来披露公司在环境保护方面的信息,环境信息的相关内容分散在年度报告的财务报表部分。对于报告使用者而言,需要花费额外的时间来搜集和整理公司在环境保护方面的情况。而这一阶段 GJ 公司披露的环境信息以公司的环境污染治理和支出情况为主。比如,GJ 公司在 2000 年度报告中披露公司投资 1 074.81 万元用于公司四分厂和股份公司总部的污水综合治理工程,并分别于 1996 年年底和 1997 年年底完成施工,污水治理效果显著。通过表 6-3 的编码结果可知,GJ 公司在第一阶段披露的环境信息以环境支出、污染治理成效和环境保护奖励等被动型环境信息为主,所以 GJ 公司在第一阶段的环境信息披露表现属于反应型环境信息披露。

2.利益相关者压力分析

这一阶段企业受到的利益相关者压力可以概括为以下几个方面:一是来自政府的压力。中国环境保护法律法规的框架逐步形成,《建设项目环境保护管理条例》和《环境信息公开办法(试行)》等环境管理制度的陆续出台,对企业施工前后的环境管理进行规制,企业感受到的来自政府的规制压力较强。这期间,GJ 公司实施了多项污水治理和节能工程以应对不断增强的环境规制压力。二是来自媒体的压力。GJ公司作为徽酒的龙头企业,比较容易受到媒体的关注。这一阶段,公司一方面借助媒体宣传进一步扩大品牌影响力,另一方面也接受来自媒体的监督。虽然GJ公司在这一时期出现过勾兑风波,但从资本市场的反应来看,勾兑事件曝光没有对企业造成严重影响。所以企业在这一阶段感受到的媒体压力总体可控、并不强烈。三是来自机构投资者的压力。GJ公司曾主动披露自己的重大会计纰漏,调整正确后其经营数据降低,但此举没有引发机构投资者因为下调对企业的发展预期而导致的减持行为。这是由于机构投资者对GJ公司未来的经营能力预期几乎没有变化,所以企业自主披露会计错误没有引发机构投资者的避险行为。此次事件说明机构投资者施加到GJ公司的压力不明显。四是来自同群企业的压力。GJ公司作为徽酒龙头企业,在白酒行业内具备竞争优势。2001年至2012年这一时期,国内几乎没有酒企提出"绿色酿造""零碳酒企"等环境战略,行业内也没有形成对于环境披露管理重要性的认知,所以同群企业压力对于GJ公司的影响不明显。该阶段GJ公司相关的典型引用语举例及编码结果如表6-3所示。

表6-3 GJ公司第一阶段(2001—2012年)典型引用语举例及编码结果

核心范畴	主范畴	副范围	典型引用语举例	资料来源
环境作息披露表现	反应型环境信息	污染治理成效	公司于1997年年底完成污水综合治理工程,出水水质达到国家一级污水排放标准	年度报告
		环境支出	投资建设沼气发电及污水处理工程	年度报告
		环境保护奖励	2005年度"全国三绿工程畅销品牌"称号	年度报告
利益相关者压力	政府压力	信披违规处罚	公司未在法定期限内披露2004年年度报告,受到证监会立案调查,并被处以5万元的罚款	年度报告
		环保规章条例	《建设项目环境保护管理条例》;"三同时"制度	访谈
		信息公开条例	《环境信息公开办法(试行)》	访谈

续表

核心范畴	主范畴	副范围	典型引用语举例	资料来源
利益相关者压力	媒体压力	媒体公关	公司通过与媒体合作,来对品牌进行宣传推广;公司每年都有固定的媒体广告费支出	访谈
		媒体监督	2012 年 8 月 24 日,有媒体针对 GJ 股份有限公司发表了《酒精采购额达 4 600 万元,或用酒精勾兑》等相关文章。公司因此陷入勾兑风波,此事件引发公司股价下跌 4.74%	企业报道
	机构投资者压力	资本市场反应	2006 年,GJ 公司披露重大会计纰漏的调整追溯,根本原因是公司重要会计科目的计算错误,直接降低了机构投资者看重的经营数据。公告发布后,此举并没有引起资本市场的抛售行为,从当日及后续的市场反应来看,股价仅下跌 2%,该会计错误引发的市场调整影响较小	其他公告
	同群企业压力	行业地位	我们公司的主导产品在国内无论从文化底蕴、质量口感和市场份额上都有很强的竞争力	访谈
		战略定位	生态酿造、绿色酿造是近几年才流行起来的概念,早间年我们酒企更注重的是营销能力	访谈

(二)第二阶段环境信息披露特点和驱动分析

1. 环境信息披露的特点:以前瞻型环境信息披露为主导

这一阶段,GJ 公司在环境信息披露的形式上和内容上都有明显的改进。形式上,GJ 公司自 2013 年起首次发布社会责任报告,并以单独章节的形式对企业在报告期内有关"环境保护与可持续发展"的情况进行了披露。对于环境信息的使用者而言,报告的阅读效率大幅提升,有助于报告使用者更便捷、全面地了解企业环境管理的真实情况。内容上,GJ 公司除了在年度报告中按照证监会的要求依次披露了"排污信息、防治污染设施的建设和运行情况、建设项目环境影响评价及其他环境保护行政许可情况、突发环境事件应急预案、环境自行监测方案和其他"六项规定的环境信息外,也向报告使用者披露了企业的环境管理体系、如何实施环保教育以及具体的环境管理实施情况等内容。比如,GJ 公司在 2012 年度社会责任报告中披露公司为了落实环境保护工作专门成立了环境保护专职机构,并确立了"清污分流、循环利用、节能减排、综合治理"的原则。GJ 公司在保证废气、固废和噪声防治的基础工作之外,充分运用循环经济的原则,一方面对可回收废物进行回收利用,另一方面对危险固废实施无害化处理,每年减少废弃物排放 3 万多吨。另外,针对实际生产经营中可能存在的环境风险,GJ 公司先后提出了绿色环保理念和"全生命周期"环保管理理念,利用新技术、新工艺和新标准,在产品的每一个环节进行严格控制,以有效减少对环境的影响。就这一阶段的环境信息披露工作而言,GJ 公司的环境披露表现已经超越了我国环境规制的要求,采取的是一种积极主动的环境信息披露模式。通过编码分析可知,GJ 公司在第二阶段披露的环境信息以企业环境政策、环境风险、环境认证、环境战略与愿景等主动型环境信息为主,所以第二阶段主要表现为前瞻型环境信息披露。

　　2.利益相关者压力分析

　　这一阶段企业感受到的利益相关者压力主要存在以下特点:一是来自政府的压力。《环境保护法》(2014 修订)《饮料酒制造业污染防治技术政策》《排污单位自行监测技术指南酒、饮料制造》陆续颁布,酿酒业受到的来自政府的环保规制压力不断增强。二是来自媒体的压力。GJ 公司一方面通过有公信力的媒体塑造品牌 IP(知识产权),另一方面通过自媒体平台主动披露环境信息,在媒体公关方面颇有成效,且鲜有负面报道,所以其媒体压力感知一般。三是来自机构投资者的压力。近年来,GJ 公司加码布局高端白酒市场,目标在消费升级中获得市场份额,进军高端白酒市场。从消费升级的层面上来说,高端白酒产品更容易获得市场的青睐和资本的认可,如高端白酒产品中茅台、五粮液的产品线相比于其他品牌的低层级产品线更容易获得机构投资者的认可,金融二级市场的交易反馈也是显而易见的。另外,高端白酒产品的投研报告或者 ESG 报告表明机构投资者对酒企的环保信息已经提出更具体、更明确的要求,从而使得头部的白酒企业形成环境信息披露、自我监管和行业自律等良性循环。所以,GJ 公司感受到的机构投资者压力趋强。四是来自同群企业的压力。近几年,白酒行业陆续迎来智能化和低碳化转型,白酒行业早已将生态环境与行业可持续发展深度捆绑,GJ 公司感受到的来自同群企业的压力趋强。第二阶段 GJ 公司相关的典型引用语举例及编码结果如表 6-4 所示。

表 6-4　GJ 公司第二阶段(2013—2021 年)典型引用语举例及编码结果

核心范畴	主范畴	副范围	典型引用语举例	资料来源
环境信息披露表现	反应型环境信息	污染治理成效	防治污染设施运行良好,废水排放符合《发酵酒精和白酒工业水污染物排放标准》直排要求,烟气排放符合《锅炉大气污染物排放标准》要求	年度报告
		污染治理措施	公司制定《GJ 股份有限公司突发环境污染事故应急预案》和《国家重点污染源监控企业自行监测方案》	年度报告
		环境保护奖励	全年主要外排污染物 100% 达标,公司入选"国家绿色工厂"名录	年度报告
	前瞻型环境信息	单独披露环境信息	公司管理层重视环境披露工作,从 2013 年起开始发布社会责任报告,主要披露公司环境保护工作的一些情况	访谈
		环境战略与愿景	中共十八大提出"美丽中国"的新目标后,公司立即响应,先后成立环境保护专职机构,确立"清污分流、循环利用、节能减排、综合治理"的原则,各项建设项目严格遵守"环评"及"三同时"制度要求建设	社会责任报告

核心范畴	主范畴	副范围	典型引用语举例	资料来源
环境信息披露表现	前瞻型环境信息	环境风险控制	2017年,公司实施环境改善工程并查处内部环境风险122项,有效降低潜在环境风险	社会责任报告
		环境认证	公司通过ISO14001环境管理体系认证	年度报告
		具体环境政策	公司着重打造"绿色节能"工程,实现从单纯的"计量"职能向"能源＋计量"转变,建立能源管理体系;2017年,公司形成产品全生命周期质量追溯链	社会责任报告
利益者相关者压力	政府压力	环保规章条例	2018年环保部制定《饮料酒制造业污染防治技术政策》,针对酒企的环境管理和污染防治工作提供技术指导	行业报道
		排污标准	2020年生态环境部首次发布酒企自行监测标准《排污单位自行监测技术指南 酒、饮料制造》	行业报道
		信息公开者条例	《环境信息依法披露制度改革方案》的颁布给我们企业敲响了警钟。环境披露做不好不仅会影响企业授信,还会被依法追究责任	访谈
	媒体压力	媒体公关	公司主要聚焦于央视、省级卫视、高铁、新媒体和一些重大国际活动的品牌推介;公司管理层经常接受采访和发布企业新闻。权威和有高度的媒体公信力对于企业发展的推动力是显而易见的	访谈
		媒体披露渠道	通过环境监测网站和网络媒体的渠道来发布有关企业节能降耗、循环经济的环保举措;利用公司的自媒体平台、公众号及公司论坛广泛传播安全知识	年报

续表

核心范畴	主范畴	副范围	典型引用语举例	资料来源
利益相关者压力	机构投资者压力	投资者偏好	机构现在对于高端白酒的投资兴趣远大于中低端,所以公司现在逐渐向川酒看齐,加大研发投入,全面提升生产技术和产品品质,打造品质徽酒。我们一方面希望吸引到更多的消费者,另一方也希望获得资本的青睐	访谈
		绿色投融资机制	基金经理重视 ESG 理念不等于对白酒行业全盘否定,五粮液就是一个好例子。我们公司希望以更加有效的环境信息披露和绿色经营绩效来吸引各种资本,更好地、更充分地利用各种绿色金融资源	访谈
	同群企业压力	企业同行者监督	酿酒业属于高污染行业,所以我们重视自身和同行的环保合法性	访谈
		对标管理	公司在环境信息披露方面的对标企业是五粮液,他们在业内首先提出建设"零碳酒企"的目标并制定了完善的战略方案,是值得我们学习的	访谈

二、HF 公司

首先,收集并梳理 HF 公司自 2011 年起开展信息披露工作以来的所有年报、半年报、社会责任报告和可持续发展报告等包含环境信息的公司公告。然后,通过数据分析,对企业实施环境信息披露的不同阶段进行划分。具体的划分标准为当企业披露的环境事项在某一时点发生明显变化时,则认定该时间点为企业环境信息披露的转型点。HF 公司环境信息披露的阶段划分详见表 6-5。

表 6-5　HF 公司环境信息披露阶段划分

阶段	第一阶段:2011—2017 年	第二阶段:2018—2021 年
表现形式	主要表现为反应型环境信息披露:存在披露不规范、隐瞒负面信息的情况	主要表现为反应型环境信息披露:披露形式趋向规范,披露内容以公司污染治理信息及措施为主

(一)第一阶段环境信息披露特点和驱动分析

1. 环境信息披露的特点:以反应型环境信息披露为主导

HF 公司于 2010 年在深圳主板上市交易,2011 年首次发布 2010 年年度报告。HF 公司主要在《证券时报》《中国证券报》两家报刊以及巨潮资讯网等官方途径开展上市公司信息披露工作。HF 公司早期披露的环境信息比较有限,且披露形式较为分散,主要在"经营情况讨论与分析""社会责任情况"等部分中出现,内容涉及公司的环境设施投入、排污费支出等项目。另外,这一阶段 HF 公司的环境信息披露已经存在一定的风险。比如 HF 公司在 2013 年年度报告中披露其属于国家环境保护部门规定的重污染行业,2015 年其也被认定为国家重点排污单位。然而,在 2013 年至 2016 年的年度报告中,HF 公司没有按照有关部门的要求及时披露包括排污信息、防治污染设施的建设和运行情况等在内的 6 项环境信息,存在明显的披露不规范问题。通过编码分析可知,HF 公司在第一阶段披露的环境信息以环境支出、环保设备更新、污染治理等被动型环境信息为主,所以第一阶段主要表现为反应型环境信息披露。

2. 利益相关者压力分析

这一阶段企业感受到的利益相关者压力主要存在以下特点:一是来自政府的压力。HF 公司虽然在 2010 年上市之初就已经因为环境问题而受到媒体关注,但由于公司在当地属于知名企业,地方环保局并没有对其实施必要的环境监管。所以,直至 2016 年中央环保督查组首次对 HF 公司的环境污染问题展开调查,HF 公司受到的政府压力才逐渐趋强。二是来自媒体的压力。HF 公司自上市以来,因为环境污染问题和安全生产事故持续受到媒体关注。但由于媒体对企业的监督能力有限,所以在 2018 年地方政府和中央政府决定对 HF 公司的环境污染问题进行彻查之前,多家媒体关于 HF 公司环境问题的报道并没有对企业的生产经营造成直接影响。所以,媒体压力对于 HF 公司的影响并不明显。三是来自机构投资者的压力。2014 年,HF 公司因持股 50% 的"农一网"成为农资电商概念股,受到市场追捧。多家机构认为其电商业务将反哺传统业务,在具备独特禀赋和先发优势的条件下,将实现超预期发展,公司因此获得多家机构买入。2015 年,HF 公司更是成功实现新一轮的增资配股。通过以上分析可知,机构投资者对于 HF 公司未来的盈利能力有较好的预期,才选择增持公司股票。所以,HF 公司在第一阶段感知到的市场认可度较高,较容易获得机构的投资,因此融资压力较小,源于机构投资者的压力较低。四是来自同群企业的压力。HF 公司在第一阶段仍是农药行业的领军企业,不管在产品研发还是环境管理方面,都是行业内的被模仿者,所以同群企业压力感知不强。第一阶段 HF 公司相关的典型引用语举例及编码结果如表 6-6 所示。

表 6-6　HF 公司第一阶段(2011 年—2017 年)典型引用语举例及编码结果

核心范畴	主范畴	副范围	典型引用语举例	资料来源
环境信息披露表现	反应型环境信息	污染治理	三废处理方面,公司建有废水处理装置、RTO(蒸热式热力焚化炉)废弃焚烧装置和固废焚烧装置。三废治理严格执行国家标准,确保达标后排放,全年未发生任何环境污染事故	年度报告
		环境支出	公司在安全和环保处理设施上的投入累计已超 3 亿元,建有 15 000t/d 处理能力的污水处理装置,6 台 RTO 尾气焚烧装置,固废转移给有处置资质的单位进行合理处置	年度报告
		环保设备更新	公司一方面对已有环保设备进行改造,另一方面投资添置新型环保设备,实现三废总量和污染物总量的双降低	年度报告
	前瞻型环境信息	环境战略	公司构建了以节能环保、三废处理、循环经济产业和产品清洁技能生产为主体,以各生产基地为载体的环保治理自主创新体系	年度报告

核心范畴	主范畴	副范围	典型引用语举例	资料来源
利益相关者压力	政府压力	环保督察	2016 年 7 月,中央环保督查组首次对 HF 公司环境污染问题展开调查	企业报道
		环境违法处罚	2016 年 7 月,盐城市大丰区环保局下发《行政处处罚决定书》,公司被处以罚款 5 万元	行政处理文书
	媒体压力	媒体监督	公司上市之初,媒体曾曝光公司涉嫌污染环境、偷埋暗管排放有毒污水等情况,但公司仍于 2010 年 11 月成功上市	
	投资者压力	机构关注	2014 年 11 月,HF 公司因持股 50% 的"农一网"成为农资电商概念股,受到市场关注,并获多家机构买入	企业报道
		公司融资行为	2015 年,投资者以超 98% 比例认购 HF 公司配股	其他公告
	同群企业压力	行业地位	公司稳居国内农药销售规模第一梯队,拥有数个在国内国际市场产量、销量第一的核心产品,主要原药的品质均已达到国际知名农药公司的水平,在国内处于领先地位	年度报告
		行业认可	公司在长期的发展过程中,与多家国际前十大农化跨国公司及国内主要农药贸易公司形成了稳定的合作关系	年度报告

(二)第二阶段环境信息披露特点和驱动分析

1.环境信息披露的特点:以反应型环境信息披露为主导

2017 年年度报告中,HF 公司按照环境保护相关部门和证监会的要求,首次披露了包含排污信息在内的 6 项环境信息。披露信息显示,股份公司和子公司的污染物排放均不存在超标排放的情况,而实际情况与这一披露信息存在很大的出入。2018 年 1 月,由于环保和生产安全问题,HF 公司及其子公司收到了地方环境保护局出具的多份《行政处罚决定书》,合计涉及环保罚款 718 万元。涉及的环保问题包括非法处置危险废物、非法转移和贮存危险废物、长期偷排高浓度有毒有害废水和污染控制设施工作不正常等问题。2018 年 4 月，HF 公司的环境问题被国家生态环境部重点通报。在环保督察之后，HF 公司在年度报告中形容对环境保护问题"保持如履薄冰如临深渊的紧迫感"，而从之后披露的环境信息来看，HF 公司主要是按照生态环境部和证监会的要求，依次披露排污信息、防治污染设施的建设和运行情况、建设项目环评及环保许可情况、突发环境事件应急预案、环境自行监测方案以及环保督察后续的整改工作情况。通过分析 HF 公司自 2011 年起的环境披露表现，能够发现 HF 公司是在 2018 年陆续受到地方环境保护局，甚至是国家生态环境部的重点关注之后，才开始履行环境信息披露责任，HF 公司采取的是被动的环境信息披露策略。通过编码分析可知，HF 公司在第二阶段披露的环境信息以污染治理和法律法规遵守情况等被动型环境信息为主，所以第二阶段仍主要表现为反应型环境信息披露。

2.利益相关者压力分析

这一阶段企业感受到的利益相关者压力主要存在以下特点：一是来自政府的压力不断增强，并在 2018 年达到顶峰。HF 公司虽然在 2010 年上市之初就已经因为环境问题而受到媒体关注，但由于公司在当地属于知名企业，地方环保局并没有对其实施必要的环境监管。所以，直到 2016 年中央环保督查组首次对 HF 公司的环境污染问题展开调查前，其对于政府压力的感知一直是不强的，而且 2016 年的环保督察最后也未能对 HF 公司产生实质性影响。这一情况直到 2018 年才打破，先是地方环保局开出多张处罚决定书，再是环保督查组再次对 HF 公司严重污染环境及地方政府督查整改不力问题展开专项督查。同年四月，国家生态环境部网站重点通报了 HF 公司的环境违法事实。证监会也立即对 HF 公司涉嫌信息披露违规展开立案调查。HF 公司一时间受到了来自地方和中央环保部门以及证监会的多重监管压力。二是来自媒体的压力。媒体对于 HF 公司的关注自其上市以来从未间断，然而由于媒体本身不具备执法权，对 HF 公司施加的压力有限。但是在 HF 公司环保问题的治理上，媒体的确起到了促进的作用。无论是 2013 年 HF 公司安全生产事故的报道，还是早期 HF 公司涉嫌污染环境、偷埋暗管排放有毒污水的报道，都在一定程度上推动了后续政府部门介入实施环保督察的发展。而 HF 公司对于媒体压力的感知，也在政府环保部门介入后逐渐增强。三是来自机构投资者的压力。2018年HF公司环境违法事件曝光后,机构投资者果断清仓公司股票,最新数据显示HF公司前十大流通股股东中已无机构投资者,另外被多家机构列为ESG负面清单对象。这一事件中,投资者的清仓行为和后续的诉讼都在根本上对上市公司的经营造成了重大影响。该事件后,HF公司市值大幅缩水,更连续三年"戴帽"。所以HF公司对于机构投资者的压力感知是很强烈的。四是来自同群企业的压力。环境违法事件被生态环境部通报后,其与巴斯夫、拜耳、FMC、ADAMA等多家著名跨国公司的合作关系中断,公司因此损失重要客户。HF公司在经历此次环境违法事件后,公司的日常经营受到严重影响,公司市值大幅缩水,其行业地位受到严重挑战,同群企业压力增强。该阶段HF公司相关的典型引用语举例及编码结果如表6-7所示。

表6-7　HF公司第二阶段(2018年—2021年)典型引用语举例及编码结果

核心范畴	主范畴	副范围	典型引用语举例	资料来源
环境信息披露类型	反应型环境信息	污染治理措施	公司制定《环境监测管理制度》《环保设备、设施检查、维修与维护管理制度》等相关的管理制度以及环境污染事故的应急预案	年度报告
		三废治理	污水处理方面,公司采取分质收集、分质处理的原则,建有三套蒸发处理装置、一套MVR(蒸发机械再压缩技术)装置和湿式氧化装置,确保废水排放稳定达标。废气治理方面,公司采取常规的废气治理措施和RTO焚烧炉焚烧处理方式。固废管理方面,公司采取委外处置和自行焚烧处置的方式	年度报告

续表

核心范畴	主范畴	副范围	典型引用语举例	资料来源
环境信息披露类型	反应型环境信息	法律法规遵守情况	2018 年 1 月至 4 月,盐城市大丰区环保局和盐城市环境保护局先后出具《行政处罚决定书》,处罚原因包括:配套的活性炭吸附装置未运行,生产过程中产生的有机废气未经收集处理,无组织排放;公司"二期 70t/d 固废焚烧项目"未经环评擅自开工;公司新上高浓 COD 废水制水煤浆焚烧副产蒸汽项目配套的炉外脱硫治理设施未运行等事项	行政处罚文书
利益相关者压力	政府压力	环境违法处罚	2018 年 1 月至 4 月,HF 公司收到多封盐城市大丰区环保局、盐城市环境保护局和灌南县环境保护局出具的多封《行政处罚决定书》,累计罚款达 718 万元	行政处罚文书
		环保督察	生态环境部督查组于 2018 年 3 月中下旬对 HF 公司相关环保问题开展专项督察。国家生态环境部网站于 2018 年 4 月 20 日发布《生态环境部通报盐城市××公司严重环境污染及当地中央环保督察整改不力问题专项督察情况》	企业报道
利益相关者压力	政府压力	信息披露违规	2018 年 4 月 23 日,中国证券监督管理委员会因 HF 股份公司涉嫌信息披露违规而进行立案调查	年度报告

核心范畴	主范畴	副范围	典型引用语举例	资料来源
利益相关者压力	媒体压力	媒体监督	2018年3月,《中国证券报》报道称HF公司旗下全资子公司因涉嫌环保问题已关停。同年4月,HF公司因违反环保规定被生态环境部通报。多家权威媒体对该情况进行深入跟踪报道。事件发酵以来,股价已累计下跌28%	企业报道
	投资者压力	清仓式减持	HF公司的多项环境违法行为被生态环境部点名通报后,机构投资者快速离场出逃,由2017年一季度的70家基金到2018年年初仅剩下一家机构。二级市场上,公司股价自2018年4月以来从4.24元触底至2.46元,跌幅高达33.81%	企业报道
		投资者诉讼	大量的机构投资者和个人投资者向HF公司发起集体诉讼,要求其就虚假披露环境信息的行为做出赔偿	企业报道
		投资者偏好	投资人现在越发关注上市公司的环境绩效,表现优异的企业往往更受投资者的欢迎。所以,做好企业环境合规和信息披露工作是至关重要的	访谈
	同群企业压力	行业认可	2018年,HF公司的重大环境违规经中央生态环境部通报后,其与巴斯夫、拜耳、FMC、ADAMA等多家著名跨国公司的合作关系中断,公司因此损失重要客户,业绩断崖式下跌	企业报道
		行业环保风险	2018年5月,受到HF公司环境违法风波的影响,江苏滨海经济开发区沿海工业园区管理委员会对多家企业实施停产整治,多家上市公司发布子公司停产公告	行业报道

第三节　跨案例分析与主要发现

一、案例信息评估汇总

在数据编码和描述性分析的基础上,本章针对两家案例企业在不同阶段感知的利益相关者压力和企业环境信息披露的情况进行了评判打分,结果如表 6-8 所示。打分的过程中结合两家案例企业各自的编码情况,并按照高、中高、中、中低和低五个等级由高到低地表示两家案例企业的各项指标水平。

表 6-8　利益相关者压力与企业环境信息披露的编码结果汇总表

核心范畴及主范畴		GJ 公司		HF 公司	
		一阶段	二阶段	一阶段	二阶段
利益相关者压力	政府压力	中	中高	中	高
	媒体压力	中低	中低	中	中高
	机构投资者压力	低	中高	低	中高
	同群企业压力	低	中高	低	中高
环境信息披露	反应型	高	低	高	高
	前瞻型	低	高	低	低

二、利益相关者压力与反应型环境信息披露

本章通过分析两家案例企业分别对政府压力、媒体压力、机构投资者压力和同群企业压力的感知情况来归纳影响企业选择反应型环境信息披露的原因。

首先,由于酿酒业和农药业都属于传统的污染型行业,所以 GJ 公司和 HF 公司在第一阶段都能感受到一定程度上的政府压力。而从两家企业披露的环境信息来看,也基本满足 2008 年实行的《环境信息公开办法(试行)》中强制公开环境信息的要求,属于典型的为了满足企业的合法性需求,而被

动地实施环境信息披露的情况。但两家企业又存在一定的区别,GJ公司在第一阶段时还没有被认定为重点排污单位,而HF公司则是在第一阶段的后期就已经被认定为重点排污单位。也就是说,HF公司在第一阶段后期感知到的政府压力应当是高于GJ公司的。然而从环境信息披露表现来看,两者又都属于反应型环境信息披露。这是由于HF公司所处区域的地方环保部门没有在HF公司存在环境违规事实的情况下对其进行合理的监管甚至是停业整治,所以HF公司的政府压力感知被弱化了。

其次,GJ公司和HF公司在第一阶段都存在负面的媒体报道,尤其是HF公司涉及污染环境和安全生产问题,性质更为恶劣。然而,这一阶段的媒体舆论压力对这两家上市公司的影响总体来说都是可控的,并没有对企业的生产经营造成重大影响。但值得注意的是,媒体压力虽然没能真正制约企业的环境管理行为,但其议程设置的功能确实能引发公众对企业问题的关注,从而对后续政府环保部门的介入起到了推动的作用。

最后,GJ公司和HF公司在第一阶段对机构投资者压力和同群企业压力的感知都是较弱的。因为在当时,GJ公司和HF公司都属于细分领域内的领军企业,本身对资本的吸引能力就是较强的。而且行业内还没有形成企业能够通过环境披露管理形成竞争力的一致认知,所以两家案例企业对于机构投资者压力和同群企业压力的感知偏弱。

通过分析,本章认为企业采取以反应型为主的环境信息披露主要是为了应对来自政府的压力。这与本书实证检验中企业为了满足合法性需求而进行环境披露的结论是一致的。同时,HF公司的案例分析也指出地方政府的监管力度在很大程度上影响了企业对于政府压力的感知。当地方政府未能对企业的违法违规行为进行及时的制止和整治时,企业感知到的政府压力会被削弱。对应实证检验中环境政策不确定性能够加强公共压力对企业环境信息披露的促进作用的结论,本章认为地方环保领导的换届在一定程度上可以规避在HF公司案例中出现的地方保护主义现象。

三、利益相关者压力与前瞻型环境信息披露

本章通过分析两家案例企业分别对政府压力、媒体压力、机构投资者压力和同群企业压力的感知情况来归纳影响企业选择前瞻型环境信息披露的原因。

首先,两家案例企业在第二阶段对政府压力的感知都有明显的增强。其中,两家企业的相同之处在于 GJ 公司和 HF 公司都在这一阶段被列为重点排污单位,需要履行强制性环境信息披露责任,所以,企业感知到的来自政府的压力较上一阶段更强烈。而 HF 公司由于多起环境违法行为和环境披露违规事件,分别受到了来自中央和地方环保部门、证监会的施压,面临高额环境罚款、停业整治、法律诉讼等重大经济损失和企业形象公共危机,所以 HF 公司在这一阶段感受到的政府压力较 GJ 公司更为强烈。而针对不断趋强的政府压力,两家案例企业的环境信息披露表现都有明显的改善:GJ 公司一方面是在年报中"环境保护的相关情况"部分严格按照强制性要求进行披露,另一方面单独发布了社会责任报告,其中详细介绍了公司除强制性披露要求之外的其他环保实施情况。HF 公司则是在被生态环境部通报点名后,开始重视年报中环境信息披露内容的合规性。因此,企业对政府压力感知的增强引发了企业环境信息披露水平的显著提升。

其次,第二阶段中两家案例企业在媒体压力的感知上存在较大的差异。GJ 公司在这一阶段重视与媒体的合作关系,并且依靠与主流媒体的合作实现品牌宣传,因此,在这一阶段感受到的媒体压力没有明显变化。而 HF 公司在这一阶段则是负面报道缠身。在 2018 年 4 月被生态环境部通报环境违法问题的前后,多家主流媒体对于 HF 公司的环境污染事件进行了一系列的深入报道,可以说媒体的报道进一步扩大环境污染问题对 HF 公司的影响,这一阶段企业感受到了较为强烈的舆论压力,严重影响到了企业商誉。

最后,编码结果显示两家案例企业在第二阶段对机构投资者压力和同群企业压力的感知都增强了。虽然两家案例企业对于压力感知的变化是相似的,但他们的环境信息披露表现的变化却呈现出不一致的情况。这主要是因为 HF 公司在第二阶段由于环境违法和信披违规的问题,其首要解决的仍是保证公司的合法性存续,所以其环境信息披露表现仍以被动地披露环境信息(反应型)为主。而 GJ 公司在已经保证其组织合法性的基础上,则需要通过进一步地提升环境信息披露表现来获得竞争优势。以 GJ 公司在环境信息披露方面的对标企业五粮液股份有限公司为例,五粮液作为在白酒行业首先提出打造"零碳酒企"的公司,已经成为行业内的绿色发展标杆,也是本案例研究中 GJ 公司在环境信息披露方面的主要模仿对象。而五粮液也因为其良好的环境披露表现成功吸引了机构投资者的青睐,成为不少

ESG 基金的重仓股。也就是说,当企业越过了被动披露环境信息(反应型)的阶段时,披露前瞻型环境信息已经成为区别行业内的其他企业、形成竞争优势、吸引资本青睐的重要赛道。所以,这类企业会将环境信息披露纳入公司发展战略中的重要环节,并形成前瞻型的环境信息披露行为,来应对逐渐上升的机构投资者压力和同群企业压力。

通过分析,本章认为来自政府的压力能够有效促进企业环境信息披露水平的提升,而来自机构投资者和同群企业的压力能够促进企业的环境信息披露实践从反应型(被动披露)阶段转变为前瞻型(主动披露)。

本章小结

本章基于第四章和第五章中实证检验的结果展开应用研究,就政府压力、机构投资者压力、媒体压力和同群企业压力如何影响企业的环境信息披露行为进行案例研究。通过分析两家案例企业环境信息披露实践的动态变化,和识别这一过程中企业感知到的利益相关者压力的变化,来进一步归纳出利益相关者压力如何驱动企业环境信息披露的动态路径,得到以下结论并整理如图 6-1 所示。

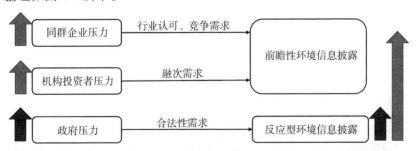

图 6-1　利益相关者压力作用于企业环境信息披露的动因及影响分析

(1)来自政府的压力增强时,企业的环境信息披露表现也会有相应的提升。案例分析显示企业实施环境信息披露主要是为了满足自身的合法性需求,避免因为环境披露违规而引发的不良后果,所以企业是在被动地披露环境信息,因而其环境披露表现也以反应型环境信息为主。(2)地方环保部门的监管力度在很大程度上会影响企业对于政府规制压力的感知。地方环保部门是对企业实施环境监管的直接责任人,一旦地方保护主义出现,企业的环境违规行为没有受到应有的惩罚时,企业对政府压力的感知就会被削弱,相应地,其环境信息披露行为也会存在严重偏差。比如在 HF 公司这一案例中,由于地方环保部门的环保督察不力,HF 公司不仅存在偷排有毒污水、不经环评擅自开工等违法事件,更是在年报中涉嫌虚假披露污染治理信息,造成了当地环境恶化、投资人损失等不良后果。结合第四章的实证研究结果,本章认为地方环保领导的定期换届通过打破原有的政商关系,能够在一定程度上有效解决 HF 案例中的地方保护主义现象。(3)媒体监督无法对企业的环境信息披露行为施加直接影响。案例分析显示虽然两家案例企业都曾因为负面事件而受到媒体监督,但媒体的负面报道未能对其正常经营造成实质性影响,所以企业也没有为此而调整自己的环境信息披露行为。(4)当机构投资者压力和同群企业压力增强时,企业的环境信息披露表现也会有相应的提升,并从反应型环境信息披露转变为前瞻型环境信息披露。案例分析显示企业实施反应型环境信息披露是为了满足政府的强制性披露要求,而企业若是要获得机构投资者青睐,或是在行业内获得竞争优势,就需要以更为积极主动的态度去实施企业的环境信息披露。

第七章　研究结论与对策建议

第一节　主要研究结论与分析

本书立足于中国企业在环境信息披露中存在的现实问题,以企业环境信息披露为研究对象,通过理论分析、实证检验和案例分析相结合的方式,探讨利益相关者压力视阈下公共压力和同群压力对企业环境信息披露行为的驱动作用。本书的主要研究结论概括如下:

第一,基于博弈分析方法,构建各利益相关者与企业之间关于环境信息披露决策的理论模型,分析利益相关者对企业环境披露行为的影响机理。

本书分别构建了政府与企业、机构投资者与企业、企业与企业(同群企业)之间的静态博弈模型和政府、机构投资者与企业的多方动态博弈模型。通过博弈分析方法论证政府、机构投资者、媒体、同群企业等利益相关者如何影响企业的环境信息披露行为,以及如何趋近于博弈系统的理想状态。具体来说有如下几点。

(1)政府的监管在企业环境披露决策中发挥了重要的治理作用。进一步来说,对于稳定资本市场、保障投资者的合法权益起到了“压舱石”作用。当政府有关部门对企业环境披露采取严监管模式时,企业因为虚假披露环境信息而受到政府行政处罚的概率随之上升,为避免这一情况,企业倾向于选择如实披露环境信息。此时,投资者能够更为准确、全面地了解上市公司的经营信息,并做出更合理的投资决策,降低潜在的风险损失、收获更稳定的投资回报。

(2)企业环境披露的执行程度与政府的监管成本、政绩考核机制存在重要的联系。首先,政府相关部门的监管成本上升时,其实施监管的概率也会受到影响。因此,当企业识别到这一监管漏洞时,会倾向于选择低成本的环境披露,导致披露不完全,甚至是披露造假。其次,政府相关部门在生态环境指标上的政绩考核与企业环境披露的执行也存在一定联系。当环境绩效上的突出工作与晋升激励或其他政治奖励挂钩时,相关部门的公职人员会更有动力地进行监管;同样地,若监管失职将面临严厉的行政处罚,相关人员玩忽职守的概率也会相应降低。当政府的环境监管趋严时,企业会更倾向于选择公开真实的环境信息。

(3)媒体的外部监督作用能够促进企业实施良好的环境披露决策,并有助于提高政府的环境监管效率。媒体的议程设置功能,使得其可以对社会公众进行舆论引导。这也是为什么许多企业会选择借助媒体平台来进行公司宣传的原因。然而,邓理峰和张宁[146]的研究也表明相较于正面报道,负面报道会严重影响公众对企业的负面认知,损害企业声誉。从这个意义上说,媒体施加的压力在一定程度上对企业履行环境披露责任起到监督作用。

(4)在机构投资者关注企业环境管理行为的前提下,其对于企业环境信息披露存在明显的促进作用。具体来说,当机构投资者由于企业的环境违规违法行为而选择不投资时,企业将识别到投资者的这一偏好。企业为了避免陷入融资困境,会选择迎合投资者的偏好,合规地进行环境信息披露。反之,若企业识别到环境披露行为并不足以影响投资者的决策时,企业会倾向于选择成本更低的非合规披露。

(5)企业之间的博弈分析,围绕企业选择模仿披露还是自主披露,以及选择如实披露还是虚假披露这两种情境分别设置了三个博弈模型。首先,本书基于修正的"智猪博弈"构建了第一个企业与企业的博弈模型,均衡结果显示,除了少部分的大企业(资金实力雄厚、技术水平先进)会选择自主披露环境信息外,大部分的中小企业会选择模仿披露,这说明企业在环境披露决策上存在趋同化现象。其次,本书基于修正的"囚徒困境"博弈构建了第二个无政府状态下企业与企业的博弈模型,均衡结果显示企业双方均出于利益最大化原则都选择虚假披露环境信息,最终导致全社会的环境恶化问题。为了破解这一困境,本书在原有博弈模型的基础上引入政府监督这一制度约束,构建了第三个有政府状态下企业与企业的博弈模型。均衡结果显示,政府监督机制的引入,改变了企业原有的效用函数,环境行政处罚使企业无法从虚假披露中获利,促使企业双方最终都选择如实披露,这使得系统趋向于企业实施良好的环境披露决策的理想状态。

　　第二,基于固定效应回归模型,构建公共压力与企业环境信息披露的实证模型,并验证环境政策不确定性的调节作用。

　　第四章基于固定效应回归模型,验证了以政府环境规制、媒体关注度和机构投资偏好为代表的三种公共压力的集合对企业环境信息披露水平的影响,并进一步验证地方生态环境厅领导变更所引发的环境政策不确定性对公共压力与环境信息披露水平之间关系的影响。研究结论表明:(1)政府环境规制、机构投资偏好都与企业环境信息披露水平显著正相关,表明政府的环境监管力度越大,机构投资者在上市公司的持股比例越高,越能够约束企业的环境表现,提升企业的环境信息披露水平。另外,媒体关注度与企业的环境信息披露水平之间不存在显著关系,这与第三章博弈分析的结论,即媒体的外部监督作用能够促进企业实行良好的环境披露行为存在分歧。(2)环境政策不确定性的调节效应检验结果显示,地方生态环境厅的领导变更在公共压力与企业环境信息披露水平的关系中发挥显著的正向调节作用,也就是说当相关领导发生人员变更时,政府环境规制和机构投资偏好对环境信息披露水平的促进作用会进一步得到加强,且这一调节效应不受省长和省委书记变更的影响。关于环境政策不确定性变量的异质性检验表明,当生态环境厅厅长属于晋升方式上任、年龄低于 55 岁时上任以及异地上任的情况时,这一人事变更在公共压力与环境信息披露水平之间发挥显著的正向调节作用。

　　第三,基于混合 OLS 回归模型,构建企业环境信息披露同群效应的实证模型,并验证这一同群效应形成的三种方式。

　　第五章采用混合 OLS 回归法构建企业环境信息披露同群效应的检验模型,验证这一同群效应的形成是否遵循频率模仿、特征模仿和结果模仿这三种方式,并进一步验证同群效应强度(企业之间环境信息披露的模仿程度)对企业价值的影响。研究结论显示:(1)企业环境信息披露的同群效应显著存在,且在排除地区同群效应的干扰后,这一效应依旧显著存在。也就是说,当周围同群企业的环境信息披露水平提高时,目标企业会感受到这一同群压力,并尝试模仿周围同群企业的环境披露决策,最后企业自身的环境信息披露水平也得到提升。(2)企业环境信息披露同群效应的形成存在频率模仿和结果模仿这两种方式。具体来说,企业在进行环境披露决策时,会选择模仿大多数企业的市场平均水平和模仿已经获得环境责任优秀认可的企业水平。(3)企业环境信息披露的同群效应强度与企业价值存在显著的正相关关系。也就是说企业与其他同群企业在环境信息披露水平上的差异越小,可以为企业带来更高的市场价值。

第四,基于案例研究方法,对利益相关者压力影响企业环境信息披露的作用机理进行验证。

第六章通过对两家重污染行业上市公司进行案例分析,来进一步验证利益相关者压力驱动企业环境信息披露的内在机制。通过纵向梳理案例企业在不同阶段的环境信息披露表现,并分析与之相对应的利益相关者压力的变化趋势,本章从动态视角归纳了利益相关者压力影响企业环境信息披露的路径,通过案例分析和验证,对前文中利益相关者压力对环境信息披露影响的研究结论进行实际应用分析,使得本书的研究结论更具有实践意义。研究发现:(1)企业感知的政府压力越强时,其环境信息披露表现也会有相应的提升,但仍以反应型环境信息为主。(2)地方政府环保部门的监管力度在很大程度上会影响企业对于政府规制压力的感知。当地方保护主义出现时,企业对政府压力的感知就会被削弱,相应地,其环境信息披露表现也会降低。(3)媒体监督无法对企业的环境信息披露行为施加直接影响。(4)机构投资者压力和同群企业压力越强时,企业的环境信息披露表现也会相应提升,从反应型环境信息披露转变为前瞻型环境信息披露。

根据以上分析,本书认为在中国国情下,政府的环境规制、机构投资偏好以及企业间的同群效应是影响企业实施良好的环境披露行为的主要驱动因素。另外,实证研究和案例分析的结果都表明媒体关注度与企业的环境信息披露水平之间不存在显著的关系。对此,本书将造成以上结论的原因归纳为以下几点。

第一,企业的合法性依赖和政治资源依赖强化了政府对企业环境信息披露的驱动作用,但相关政策和制度的缓慢推进在一定程度上削弱了这一作用。

组织合法性理论表明企业合法性地位的获得来自其同行和上级系统对其组织行为的认可和支持。在我国,一个企业的成立首先要获得政府颁发的营业执照,这就是对一个企业合法性存续的认可。从这个角度而言,企业对政府的合法性依赖是最强的,所以政府对企业施加的合法性压力也是最强的。同时,政府通过法律法规的颁布、监管措施的实施不断地对企业的合

法性经营进行核实。若企业没有遵守政府的环境披露规定,则要受到行政
处罚甚至是强制关停。所以,企业为了避免发生合法性危机,就需要按照政
府规定如实地公开环境信息。同时,我国的社会主义市场经济体制也决定
了企业的生产经营在很大程度上会受到政府决策的影响。实证结果显示,
地方生态环境厅领导变更会加强政府环境规制对企业环境信息披露的驱动
作用。这是因为官员变更使得企业与原先政府之间建立的政商关系发生了
改变,企业丧失了原先的政治资源配置优势。而由于企业对新一届政府的
资源依赖,需要通过积极履行环境披露责任,以获得新一届领导班子的好
感,重新获得资源配置优势。

　　虽然本书已经证实了政府对企业环境信息披露的驱动作用,但是中国
政府在政策制定上存在的一些短板制约了这一作用。一是关于环境信息披
露的制度建设滞后,仍停留于顶层设计阶段,对于企业环境信息披露的指导
作用不明显。2010 年环境保护部(现生态环境部)发布《上市公司环境信息
披露指南》(征求意见稿)(以下简称为《指南》),作为上市公司环境信息披露
的规范性要求。然而时至今日,《指南》的正式版本仍未"出炉",其中的内容
也没有根据我国经济发展的实际情况做出相应的修订。另外,无论是 2010
年发布的《指南》,还是证监会 2021 年修订的《公开发行证券的公司信息披露
内容与格式准则第 2 号——年度报告的内容与格式》在内容上始终停留于框
架设计层面,仅告知了企业"做什么",但没有告知"如何做"。二是环境信息
披露的配套监管机制仍需要进一步完善。三是就达成"碳达峰、碳中和"的
目标而言,中国目前环境信息中的碳信息披露并不属于"强制性披露"信息
的范畴,这使得企业的碳信息披露水平极有可能大打折扣,也将直接导致有
关部门在进行全国碳排放额的测算和分配工作中面临一定的挑战。

　　由此可见,中国在企业环境信息披露的制度建设上进展缓慢。Tolbert
和 Zucker[142]的研究表明一项制度改革在没有明确的政府支持时(或是形成
明文规定的情况下),其推广速度十分缓慢;相反,在受到地方或是中央政府
支持的情况下,则可以得到迅速的推广。可见外部制度环境能够对组织行
为造成很大的影响。组织对于某项政策或计划的反应程度,往往取决于该
计划的制度化程度(合法化程度)。因此,若有关环境信息披露的制度法规
推进迟缓,企业出于自身利益最大化的原则,就不会积极地实施环境行为,
最终导致企业环境披露进程受阻。

第二,机构投资者作为企业直接融资的重要渠道,能够在公司治理中发挥监督作用,督促管理层采取积极的环境管理行为。

机构投资者的资金规模庞大,通常位列上市公司的前十大股东,这意味着机构投资者可以在很大程度上影响甚至左右企业的经营管理决策。实证结果也表明,机构投资者持股比例与环境信息披露水平呈显著正相关。换句话说,机构投资者的持股比例越高,其影响企业采取良好的环境披露行为的权力就越大。这说明国内机构投资者在选择投资标的时已经形成了环境风险意识。事实上,机构投资者的职能是在确保资金收益的基础上最大限度地降低投资风险,这使得长期的价值投资机构一般不会追求"短""频""快"的交易风格,而是倾向于在一个长周期中获得稳健的收益,这也有利于机构投资者维护自身的市场地位。而要确保一个相对稳定的收益,就需要机构投资者凭借上市公司公开披露的信息来做出专业的投资判断。因此,若是企业在环境信息公开上存在虚报行为,机构投资者会因此承担风险。从这个意义上来说,机构投资者会要求企业务必真实地披露环境信息,这就发挥了其在企业环境披露决策上的监督作用。

第三,组织间的合法性认同造成了企业在环境信息披露决策上的模仿行为,使得企业之间存在同群效应。而环境披露相关制度建设的滞后,削弱了企业间的同群效应对企业环境披露水平的促进作用。

新制度主义理论表明,组织通过模仿同一环境中其他组织的结构和行为来获得合法性认同,从而减轻外部环境压力和组织动荡[83]。换句话来说,就是"木秀于林,风必摧之"。企业通过模仿其周围企业的组织架构或是行为范式来确保自己在行业中的地位。同时,实证结果也表明,企业之间同群效应的存在与企业本身的环境披露水平存在显著的正相关关系,也就是说企业间的模仿行为可以带来企业环境披露水平的提升。而博弈均衡结果的理论分析也表明,在缺乏制度约束的情况下,企业间的模仿趋同现象依旧存在,但与企业都真实地公开环境信息这一理想状态背道而驰。所以,我国环境披露制度建设的滞后,极有可能会削弱企业间的同群效应对企业环境信息披露水平的正向促进作用。

第四,中国媒体对企业的监督作用不显著主要有以下两个原因:一是媒体的信息传播缺乏足够的公正性和客观性,二是政府在媒体有关环境披露的制度规范上缺乏政策引导。

近十年来,媒体行业经历了快速发展,伴随着新媒体和自媒体的诞生,企业与社会公众的距离不断被拉进,同时媒体行业的准入门槛也在不断降低,期间市场体系不完善和相关监管缺失的问题也逐渐暴露。邓理峰和张宁[146]的研究表明以负面报道为主的媒体关注度会使企业环境违规事件引发的负面影响被进一步扩大。因此,一些企业在忌惮媒体"放大镜"功能的同时,也存在通过特殊手段要求甚至是利诱媒体掩盖事实的动机,以避免环境污染丑闻的曝光。在这种情况下,媒体的公正性和客观性大打折扣,难以对企业的环境披露实施有效的监督,而是沦为了为企业披上合法性外衣的工具。

此外,国家政策的导向往往是新闻媒体发挥作用的前提。自党的十八大将"生态文明建设"上升为国家战略以来,企业的环境表现开始成为新闻媒体报道的焦点,也是银行、政府、投资者等利益相关者关注的重要内容。在2020年习近平主席宣布我国"碳达峰、碳中和"的目标后,ESG投资也站上了新风口,绿色投资的新纪元就此开启。所以说,媒体的舆论导向实质上也是政府政策导向的体现。要想加强媒体对于企业的监督治理作用,政府应当首先完善媒体的披露制度,鼓励媒体对企业的环境问题进行长周期的跟踪报道。

第二节　提升企业环境信息披露的对策建议

一、监管层面

第一,完善企业环境信息披露的制度建设,通过环境审计等手段加强环境信息披露的市场监管。一项制度的推广程度与制度的合法性存在重要的联系,因此,环境信息披露相关政策举措的落地见效,是督促企业实施良好的环境披露行为的第一步。在此基础上,相关的政策制定还应注重条款的可操作性。针对这一问题,首先应考虑参考其他国家和组织的先行经验,形成符合中国实际的环境会计准则。有了环境会计准则的约束和指引,企业才能够"有序可循""有理可依"地进行环境信息的披露。同时,环境信息披露事务对于中国大部分企业而言,仍然需要一个比较长的接受和适应阶段。

那么,通过对环境信息披露相关制度进行政策解读、专家解读或是辅以案例宣传等方式,则能够在最大限度上缩短企业对新制度的适应期,从而尽快地在企业的经营管理中得到贯彻落实。

与此同时,也应加快推进针对企业后续环境披露的监管措施。目前,中国的注册会计师专业体系仍缺乏环境审计框架和具体的标准细则。当会计师事务所出具了不符合企业利益的审计意见时,公司可能会在下一年度更换会计师事务所,这样的"合作关系"使得会计师事务所处于被动地位,容易引发审计合谋。在目前环境信息披露法规不完善、缺乏环境信息披露会计准则、审计市场不完善的情况下,生态环境部可尝试与证监会和审计机关等部门紧密合作,通过派驻工作组的方式对上市公司,尤其是重点排污单位开展阶段性的环境审计工作,严格审查企业在环境信息公开上的执行情况。有了强制性的立法还要有严格的执法,对于虚假披露环境信息的上市公司,对公众造成严重影响的,应当严惩不贷,追究其刑事责任,起到负面典型的警示教育作用。

第二,优化生态环境系统的人力资源配置,完善生态环境系统官员的政绩考核体系。实证结果表明生态环境厅的领导变更能够加强公共压力对企业环境披露行为的促进作用。因此本书建议,为优化地方环境治理体系,政府应建立地方生态环境系统官员定期轮换制度,并以三到五年的轮换周期为参考。另外,在我国生态环境安全日益凸显的背景下,在生态环境系统一把手和相关领导的选任方面,应充分考虑官员的年龄、来源地、专业适配度等个人特征,以进一步优化生态环境系统的人力资源配置。

相较于地区经济发展工作,生态环境治理存在周期长、见效慢的特征。因而,相关部门应当针对这项工作的特殊性质形成一套科学有效的政绩考核体系,既要保证生态环境系统官员不因工作推进缓慢而消极怠工,也要防止官员由于政绩考核的压力而选择对环境问题缓报、瞒报。针对这一复杂情况,本书认为就生态系统官员的考核而言,应当形成一套短期与长期相结合的政绩考核体系,这样通过各个年度的横向比较,可以更直观地判断官员的履职情况,同时有助于积累环境治理工作的经验。

第三,加快推进媒体行业在环境披露方面的制度规范建设,同时推进政务新媒体的发展。针对媒体行业在环境披露方面的制度规范建设,本书建议从以下两个方面进行:一是要提高媒体从事证券市场信息披露业务的准入门槛,杜绝部分新兴自媒体妄图通过一些"博眼球新闻"来抬高自身影响力的扰乱市场行为。另外,相关政府部门应对符合资格的媒体实施动态监管,并对相关媒体的违规行为予以警告或是剥夺报道资格的处罚。二是发挥媒体行业协会的作用,鼓励引导媒体从业者围绕企业的环境问题进行长周期的跟踪报道,或是以融入综艺节目的形式,用细水长流、寓教于乐的方式做好国家环境政策的宣传、解读工作。

与此同时,政府的相关部门也应尝试贴近社会公众,推进政务新媒体的落地。一方面,可以在该平台上推出诸如企业环境信息披露制度等相关政策的宣传解读,帮助企业更好地了解和实施环境披露责任,也有助于社会公众了解和监督企业的环境管理行动,进一步提升全社会的环境责任道德意识。另一方面,政务新媒体作为中国官方媒体的一种重要的衍生形式,其报道的客观性和公正性不容置疑,更适合进行一些环境问题治理进度的跟踪报道,这有助于官方媒体发挥对企业的监督引导作用。

二、投资层面

政府应为环境责任企业拓宽融资渠道,引导机构投资者加强对企业的监督治理作用。地方和中央政府在引导企业进行环境管理工作的过程中,应做好市场手段和行政手段"两手抓"的准备。投资者对目标公司的市场前景研究与当地的政策导向、营商环境密不可分,同时良好的投资环境又有助于吸引全球投资者。因而政府应当善用这一层联系,通过释放加强绿色发展、做强环保产业的政策信号,来激发社会资本对绿色产业的投资活力,拓宽环境责任企业的融资渠道,从而实现相关企业的融资自由和资金成本的降低。比如,2021年7月,由湖北省武汉市人民政府牵头,与多家金融机构、产业资本共同成立了总规模为100亿元的武汉碳达峰基金。类似的举措有助于推动企业处理好经济利益与环境责任之间的平衡,有助于从源头上提升企业的环境责任表现。另外,证监会等有关部门应鼓励机构投资者积极参与公司的实地调研活动,以巩固和加强机构投资者在上市公司治理中的作用。

三、企业层面

发挥环境责任优秀企业的标杆示范作用,推动我国企业环境责任意识的提升。本书的实证结果表明企业在履行环境披露责任方面存在同群效应，且主要属于模仿大多数企业和模仿社会责任优秀企业这两种形式。因而，地方政府应尝试树立环境责任标杆企业，并通过加强主流媒体的宣传工作，进一步发挥标杆企业的示范作用，引导企业向在环境披露方面表现优秀的企业靠拢，进而推动中国企业环境责任意识的提升。

第三节　研究不足与展望

本书在研究方法和实证部分有创新之处，但是由于本人的知识储备和研究水平有限，研究仍存在不足之处，未来可在以下方面做出改进：

（一）被解释变量的构造可做进一步完善。当前，中国还没有成熟的环境信息披露数据库，因此本书的被解释变量环境信息披露水平，主要是通过一手数据资料收集，再运用内容分析法筛选环境信息予以量化的方式来获得，可能存在数据遗漏的问题。随着数据技术的不断成熟和大数据挖掘工具的不断优化，未来的研究可以借助大数据分析手段发展出更科学、全面的衡量方法。

（二）本书中关于企业环境信息披露同群效应的研究主要是致力于解决同群效应形成方式的问题，而有关企业同群效应对于不同特征企业带来的差异化影响，以及影响企业同群效应的因素等问题还未能涉及。此外，关于同群效应的影响研究，本书还局限于对企业财务层面的影响，未能涉及对企业非财务层面的影响研究，如企业环境披露同群效应是否有助于企业获得较好的社会声誉等问题。后续研究将从上述两个方面加以拓展，以深化企业环境信息披露同群效应的相关研究。

（三）环境会计准则的制定是环境会计研究在实践应用中的一个重要方面，有助于企业在实施环境信息披露时"有制可依、有规可守"。目前，中国的企业会计准则中还没有形成专门的环境会计项目，如何将更多的环境信息纳入会计系统是值得进一步研究的课题。

参考文献

[1] 刘学之.中国上市公司环境责任信息披露评价报告(2021年度)[R].北京:北京化工大学低碳经济与管理研究中心,2022.

[2] Stephen B. Building a Good Reputation[J]. European Management Journal,2004,22(6):704-713.

[3] 徐二明,衣凤鹏.中国上市公司企业社会责任与财务绩效关系——行业竞争的调节作用[J].辽宁大学学报(哲学社会科学版),2014,42(1):91-98.

[4] 李艳芳,张忠利.美国联邦对温室气体排放的法律监管及其挑战[J].郑州大学学报(哲学社会科学版),2014,47(3):41-49.

[5] 郑少华,王慧.中国环境法治四十年:法律文本、法律实施与未来走向[J].法学,2018(11):17-29.

[6] 黄珺,周春娜.股权结构、管理层行为对环境信息披露影响的实证研究——来自沪市重污染行业的经验证据[J].中国软科学,2012(1):133-143.

[7] Sanjay S,Harrie V. Proactive Corporate Environmental Strategy and the Development of Competitively Valuable Organizational Capabilities[J]. Strategic Management Journal,1998,19(8):729-753.

[8] Peter M C,Xiaohua F,Yue L,et al. The relevance of environmental disclosures:Are such disclosures incrementally informative?[J]. Journal of Accounting and Public Policy,2013,32(5):410-431.

[9] Chris J V S,Jill H. A comprehensive comparison of corporate environmental reporting and responsiveness[J]. The British Accounting Review,2007,39(3):197-210.

[10] Freeman R E. Strategic Management:A Stakeholder Perspective[M]. Cambridge University Press,2015.

[11] Pfeffer J,Salancik G R. The External Control of Organizations:A Re-

source Dependence Perspective[M]. Stanford University Press,2003.

[12] Carlos W L,Gerald E F,Shui-Yan T. Stakeholder pressures from perceived environmental impacts and the effect on corporate environmental management programmes in China[J]. Environmental Politics, 2010,19(6).

[13] Charles E,Michael J L. Firm responses to secondary stakeholder action[J]. Strategic Management Journal,2006,27(8):765-781.

[14] 孟晓华,张曾. 利益相关者对企业环境信息披露的驱动机制研究——以 H 石油公司渤海漏油事件为例[J]. 公共管理学报,2013,10(3): 90-102.

[15] Irene H,Perry S. The Relationship between Environmental Commitment and Managerial Perceptions of Stakeholder Importance[J]. The Academy of Management Journal,1999,42(1):87-99.

[16] Berardi P C,Brito R P D. Drivers of environmental management in the Brazilian context[J]. BAR,Brazilian administration review,2015,12 (1):109-128.

[17] Cheng-Li H,Fan-Hua K. Drivers of Environmental Disclosure and Stakeholder Expectation:Evidence from Taiwan[J]. Journal of Business Ethics,2010,96(3):435-451.

[18] 王霞,徐晓东,王宸. 公共压力、社会声誉、内部治理与企业环境信息披露——来自中国制造业上市公司的证据[J]. 南开管理评论,2013,16 (2):82-91.

[19] Defeng Y,Aric X W,Kevin Z Z,et al. Environmental Strategy,Institutional Force,and Innovation Capability:A Managerial Cognition Perspective[J]. Journal of Business Ethics,2019,159(4).

[20] 徐珊,黄健柏. 媒体治理与企业社会责任[J]. 管理学报,2015,12(07): 1072-1081.

[21] Walden W D,Schwartz N B. Environmental disclosures and public policy pressure[J]. Journal of Accounting and Public Policy,1997,16(2): 125-154.

[22] Magali A D,Michael W T. Organizational responses to environmental

demands:opening the black box[J]. Strategic Management Journal, 2008,29(10):1027-1055.

[23] 张秀敏,薛宇,吴漪,等.企业环境信息披露研究的发展与完善——基于披露指标设计与构建方法的探讨[J].华东师范大学学报(哲学社会科学版),2016,48(5):140-149.

[24] Kathy G. The Problem with Reporting Pollution Allowances:Reporting is not the Problem[J]. Critical Perspectives on Accounting,1996, 7(6):655-665.

[25] M. A F,Carla I,David P. Corporate environmental disclosures:Competitive disclosure hypothesis using 1991 annual report data[J]. International Journal of Accounting,1996,31(2):175-195.

[26] Ans K,David L,Jonatan P. Corporate Responses in an Emerging Climate Regime:The Institutionalization and Commensuration of Carbon Disclosure[J]. European Accounting Review,2008,17(4):719-745.

[27] Sulaiman A A,Theodore E C,K. E H. The relations among environmental disclosure,environmental performance,and economic performance:a simultaneous equations approach[J]. Accounting, Organizations and Society,2004,29(5):447-471.

[28] 耿建新,刘长翠.企业环境会计信息披露及其相关问题探讨[J].审计研究,2003(3):19-23.

[29] 龚蕾.论低碳经济与环境会计研究及其创新[J].财政研究,2010(7):76-79.

[30] 王建明.环境信息披露、行业差异和外部制度压力相关性研究——来自我国沪市上市公司环境信息披露的经验证据[J].会计研究,2008(6):54-62.

[31] 王爱国.我的碳会计观[J].会计研究,2012(5):3-9.

[32] Peter M C,Xiaohua F,Yue L,et al. The relevance of environmental disclosures:Are such disclosures incrementally informative? [J]. Journal of Accounting and Public Policy,2013,32(5):410-431.

[33] Jane A,Corinne C. Accounting for climate change and the self-regulation of carbon disclosures [J]. Accounting Forum, 2011, 35 (3):

130-138.

[34] 任月君,郝泽露. 社会压力与环境信息披露研究[J]. 财经问题研究,
2015(5):88-95.

[35] 刘穷志,张莉莎. 制度约束、激励政策与企业环境信息披露[J]. 经济与
管理研究,2020,41(4):32-48.

[36] L. L E,Y. T M. Corporate governance and voluntary disclosure[J].
Journal of Accounting and Public Policy,2003,22(4):325-345.

[37] Denis C,Michel M,Barbara V V. Environmental disclosure quality in
large German companies:Economic incentives,public pressures or in-
stitutional conditions? [J]. European Accounting Review, 2005, 14
(1):3-39.

[38] Stephen B,Stephen P. Voluntary Environmental Disclosures by Large
UK Companies[J]. Journal of Business Finance & Accounting,2006,
33(7-8):1168-1188.

[39] Al A M H M. Corporate governance and voluntary disclosure in cor-
porate annual reports of Malaysian listed firms[J]. Journal of Applied
Management Accounting Research,2009,7(1):1-19.

[40] 李晚金,匡小兰,龚光明. 环境信息披露的影响因素研究——基于沪市
201 家上市公司的实证检验[J]. 财经理论与实践,2008(3):47-51.

[41] 韩小芳. 实际控制人对内部控制信息披露的影响——基于 2009—2010
年深圳主板 A 股上市公司的实证研究[J]. 山西财经大学学报,2012,34
(12):83-91.

[42] 林英晖,吕海燕,马君. 制造企业碳信息披露意愿的影响因素研究——
基于计划行为理论的视角[J]. 上海大学学报(社会科学版),2016,33
(2):115-125.

[43] 陈华,刘婷,张艳秋. 公司特征、内部治理与碳信息自愿性披露——基于
合法性理论的分析视角[J]. 生态经济,2016,32(9):52-58.

[44] Denis C,Michel M. Corporate Environmental Disclosure Strategies:
Determinants,Costs and Benefits[J]. Journal of Accounting, Auditing
& Finance,1999,14(4):429-451.

[45] Paul M H,Krishna G P. Information asymmetry,corporate disclosure,

and the capital markets:A review of the empirical disclosure literature [J]. Journal of Accounting and Economics,2001,31(1):405-440.

[46] 汤亚莉,陈自力,刘星,等.我国上市公司环境信息披露状况及影响因素的实证研究[J].管理世界,2006(1):158-159.

[47] 郑飞鸿,郑兰祥.上市公司环境信息披露影响因素及模式选择[J].统计与决策,2018,34(21):175-178.

[48] 张静.低碳经济视域下上市公司碳信息披露质量与财务绩效关系研究[J].兰州大学学报(社会科学版),2018,46(2):154-165.

[49] Craig D,Michaela R,John T. An examination of the corporate social and environmental disclosures of BHP from 1983—1997[J]. Accounting,Auditing & Accountability Journal,2002,15(3):312-343.

[50] Kathyayini K R,Carol A T,Laurence H L. Corporate Governance and Environmental Reporting:an Australian Study[J]. The International Journal of Business in Society,2012,12(2):143-163.

[51] 沈洪涛,冯杰.舆论监督、政府监管与企业环境信息披露[J].会计研究,2012(2):72-78.

[52] Alciatore M L,Dee C C. Environmental Disclosures in the Oil and Gas Industry[J]. Advances in Environmental Accounting and Management,2006,3:49-75.

[53] Bo B C,Doowon L,Jim P. An analysis of Australian company carbon emission disclosures [J]. Pacific Accounting Review, 2013, 25 (1): 58-79.

[54] Gary F P,Andrea M R. Does the Voluntary Adoption of Corporate Governance Mechanisms Improve Environmental Risk Disclosures? Evidence from Greenhouse Gas Emission Accounting[J]. Journal of Business Ethics,2014,125(4):637-666.

[55] Richard L,Gray R. Social and Environmental Accounting and Organizational Change[J]. Social and Environmental Accountability Journal,2014,34(2):81-86.

[56] 王建明.环境信息披露、行业差异和外部制度压力相关性研究——来自我国沪市上市公司环境信息披露的经验证据[J].会计研究,2008(6):

54-62.

[57] 袁德利,陈小林,罗飞.公共压力、社会信任与环境信息披露质量[J].当代财经,2010,8:111-121.

[58] 乔晗,杨列勋,邓小铁.碳排放信息披露情况对碳排放博弈的影响[J].系统工程理论与实践,2013,33(12):3103-3111.

[59] 唐勇军,赵梦雪,王秀丽,等.法律制度环境、注册会计师审计制度与碳信息披露[J].工业技术经济,2018,37(4):148-155.

[60] Lance M. What do we mean by corporate social responsibility? [J]. Corporate Governance,2001,1(2):16-22.

[61] Manuel G,Carlos L. Environmental Disclosure in Spain:Corporate Characteristics and Media Exposure[J]. Spanish Journal of Finance and Accounting,2003,32(115):112-180.

[62] Janelle K. The politics of carbon disclosure as climate governance[J]. Strategic Organization,2011,9(1):91-99.

[63] Luo L,Chen L,Tang Q. Corporate Incentives to Disclose Carbon Information:Evidence from the CDP Global 500 Report[J]. Journal of International Financial Management & Accounting, 2012, 23 (2): 93-120.

[64] 王霞,徐晓东,王宸.公共压力、社会声誉、内部治理与企业环境信息披露——来自中国制造业上市公司的证据[J].南开管理评论,2013,16(2):82-91.

[65] 孟晓华,张曾.利益相关者对企业环境信息披露的驱动机制研究——以H石油公司渤海漏油事件为例[J].公共管理学报,2013,10(3):90-102.

[66] 李力,杨园华,牛国华,等.碳信息披露研究综述[J].科技管理研究,2014,34(7):234-240.

[67] Julie C,Muftah M N. Institutional investor influence on global climate change disclosure practices[J]. Australian Journal of Management, 2012,37(2):169-186.

[68] 苑泽明,王金月.碳排放制度、行业差异与碳信息披露——来自沪市A股工业企业的经验数据[J].财贸研究,2015,26(4):150-156.

[69] 姚圣.企业管理层应对公共压力的环境信息披露策略:基于空间距离与同业模仿的理论框架[J].中国矿业大学学报(社会科学版),2017,19(1):72-79.

[70] 崔也光,马仙.我国上市公司碳排放信息披露影响因素研究——基于100家社会责任指数成分股的经验数据[J].中央财经大学学报,2014(6):45-51.

[71] Lance M. What do we mean by corporate social responsibility? [J]. Corporate Governance,2001,1(2):16-22.

[72] Gary O D. Environmental Disclosure in the Annual Report. Extending the Applicability and Predictive Power of Legitimacy Theory[J]. Accounting,Auditing & Accountability Journal,2002,15(3):344-371.

[73] Charles H C,Dennis M P. The Role of Environmental Disclosures as Tools of Legitimacy:a Research Note[J]. Accounting,Organizations and Society,2006,32(7):639-647.

[74] Muhammad A I,Craig D. Media pressures and corporate disclosure of social responsibility performance information:A study of two global clothing and sports retail companies[J]. Accounting and Business Research,2010,40(2):131-148.

[75] Evangeline E. Media coverage and voluntary environmental disclosures:A developing country exploratory experiment[J]. Accounting Forum,2011,35(3):139-157.

[76] Cheng-Li H,Fan-Hua K. Drivers of Environmental Disclosure and Stakeholder Expectation:Evidence from Taiwan[J]. Journal of Business Ethics,2010,96(3):435-451.

[77] Kathyayini K R,Carol A T,Laurence H L. Corporate Governance and Environmental Reporting:an Australian Study[J]. Corporate Governance,2012,12(2):143-163.

[78] Christopher T,Sigit H,Monroe G. Voluntary environmental disclosure by Australian listed mineral mining companies:an application of stakeholder theory[J]. International Journal of Accounting and Business Society,2013,43:76-81.

[79] 吴勋,徐新歌.公共压力与自愿性碳信息披露——基于 2008—2013 年 CDP 中国报告的实证研究[J].科技管理研究,2015,35(24):232-237.

[80] 李慧云,石晶,李航,等.公共压力、股权性质与碳信息披露[J].统计与信息论坛,2018,33(8):94-100.

[81] 贺宝成,任佳.基于"公共压力束"的环境信息披露操纵测度模型[J].统计与决策,2020,36(16):163-167.

[82] John W M,Brian R. Institutionalized Organizations:Formal Structure as Myth and Ceremony[J]. American Journal Of Sociology,1977,83 (2):340-363.

[83] 吴蝶,朱淑珍.企业环境信息披露的同群效应研究[J].预测,2021,40 (01):9-16.

[84] Walter A,Denis C,Michel M. Intra-industry imitation in corporate environmental reporting:An international perspective[J]. Journal of Accounting and Public Policy,2006,25(3):299-331.

[85] S. X Z,X. D X,H. T Y,et al. Factors that Drive Chinese Listed Companies in Voluntary Disclosure of Environmental Information[J]. Journal of Business Ethics,2012,109(3):309-321.

[86] Charl D V,Mary L,Grant S. The institutionalisation of mining company sustainability disclosures[J]. Journal of Cleaner Production,2014, 84:51-58.

[87] Chitra Sriyani De Silva Lokuwaduge K H. Integrating Environmental, Social and Governance(ESG)Disclosure for a Sustainable Development:An Australian Study[J]. Business Strategy and the Environment,2017,26(4):438-450.

[88] 沈洪涛,苏亮德.企业信息披露中的模仿行为研究——基于制度理论的分析[J].南开管理评论,2012,15(3):82-90.

[89] 郝云宏,唐茂林,王淑贤.企业社会责任的制度理性及行为逻辑:合法性视角[J].商业经济与管理,2012(7):74-81.

[90] 杨汉明,吴丹红.企业社会责任信息披露的制度动因及路径选择——基于"制度同形"的分析框架[J].中南财经政法大学学报,2015(1): 55-62.

［91］张济建,毕茜.环境信息披露的管理者模仿行为:竞争性 vs 防御性［J］.
华东经济管理,2015,29(11):129-136.

［92］肖华,张国清,李建发.制度压力、高管特征与公司环境信息披露［J］.经
济管理,2016,38(3):168-180.

［93］黄溶冰,谢晓君,周卉芬.企业漂绿的"同构"行为［J］.中国人口·资源
与环境,2020,30(11):139-150.

［94］Michael V R,Paul A F. A Resource-Based Perspective on Corporate
Environmental Performance and Profitability［J］. The Academy of
Management Journal,1997,40(3):534-559.

［95］Trevor D W,Geoffrey R F. Corporate environmental reporting:A test
of legitimacy theory［J］. Accounting,Auditing & Accountability Jour-
nal,2000,13(1):10-26.

［96］Sulaiman A A,Theodore E C,K. E H. The relations among environ-
mental disclosure,environmental performance,and economic perform-
ance:a simultaneous equations approach［J］. Accounting, Organiza-
tions and Society,2004,29(5):447-471.

［97］Marc V,Josep M L,Daniel A. Exploring the Nature of the Relation-
ship Between CSR and Competitiveness［J］. Journal of Business Eth-
ics,2009,87(1):57-69.

［98］Norhasimah M N,Norhabibi A S B,Nor A A,et al. The Effects of En-
vironmental Disclosure on Financial Performance in Malaysia［J］. Pro-
cedia Economics and Finance,2016,35:117-126.

［99］Nancy A P,Agustín V V,Maria L P A. Corporate environmental re-
sponsibility and competitiveness:The maquiladora industry of the
Mexican northern borderlands［J］. Business Strategy & Development,
2018,1(3):169-179.

［100］Isabel-María G,José-Manuel P. Greenhouse gas emission practices
and financial performance ［J］. International Journal of Climate
Change Strategies and Management,2012,4(3):260-276.

［101］Walter A,Denis C,Michel M. Corporate environmental disclosure,fi-
nancial markets and the media:An international perspective［J］. Eco-

logical Economics,2007,64(3):643-659.

[102] Chika S,Tomoki O. Disclosure effects,carbon emissions and corpo-rate value[J]. Sustainability Accounting, Management and Policy Journal,2014,5(1):22-45.

[103] Marlene P,Darrell B,Rachel M H, et al. Voluntary environmental disclosure quality and firm value:Further evidence[J]. Journal of Accounting and Public Policy,2015,34(4):336-361.

[104] Timo B. How Hot Is Your Bottom Line? Linking Carbon and Finan-cial Performance[J]. Business and Society,2011,50(2):233-265.

[105] Su Y L,Yun S P,Robert D K. Market Responses to Firms' Volunta-ry Climate Change Information Disclosure and Carbon Communica-tion[J]. Corporate Social Responsibility and Environmental Manage-ment,2015,22(1):1-12.

[106] 唐国平,李龙会. 环境信息披露、投资者信心与公司价值——来自湖北省上市公司的经验证据[J]. 中南财经政法大学学报,2011(6):70-77.

[107] 贺建刚. 碳信息披露、透明度与管理绩效[J]. 财经论丛,2011(4):87-92.

[108] 张淑惠,史玄玄,文雷. 环境信息披露能提升企业价值吗？——来自中国沪市的经验证据[J]. 经济社会体制比较,2011(6):166-173.

[109] 高三元,蒋琰. 碳信息披露质量价值相关性的差异研究——基于发达国家和发展中国家的研究[J]. 南京财经大学学报,2016(4):76-84.

[110] 李雪婷,宋常,郭雪萌. 碳信息披露与企业价值相关性研究[J]. 管理评论,2017,29(12):175-184.

[111] 李正. 企业碳信息披露研究[M]. 北京:中国社会科学出版社,2015.

[112] 高建来,王有源. 环境信息披露指数对企业价值的影响研究[J]. 生态经济,2019,35(6):157-161.

[113] 刘志超,李根柱. 碳信息披露对企业价值影响研究[J]. 价格理论与实践,2018(7):51-54.

[114] 宋晓华,蒋潇,韩晶晶,等. 企业碳信息披露的价值效应研究——基于公共压力的调节作用[J]. 会计研究,2019(12):78-84.

[115] 成琼文,刘凤. 环境信息披露对企业价值的影响研究——基于重污染

行业上市公司的经验数据[J].科技管理研究,2022,42(1):177-185.

[116] Weber M. Economy and Society:an Outline of Interpretive Sociology [M]. Bedminister Press,1968.

[117] Parsons T. Structure and Process in Modern Societies. [M]. The Free Press,1960.

[118] Maurer G J. Readings in organization theory:open-system approaches [J]. Journal of Business,1971,3(11):1-11.

[119] Mark C S. Managing Legitimacy:Strategic and Institutional Approaches[J]. The Academy of Management Review, 1995, 20 (3): 571-610.

[120] Tagesson B. What Explains the Extent and Content of Social and Environmental Disclosures on Corporate Websites:A Study of Social and Environmental Reporting in Swedish Listed Corporations[J]. Corporate Social Responsibility and Environmental Management, 2009,6(16):352-364.

[121] Thomas D,Thomas W D. Integrative Social Contracts Theory:A Communitarian Conception of Economic Ethics[J]. Economics and Philosophy,1995,11(1):85-112.

[122] 陈宏辉,贾生华.企业社会责任观的演进与发展:基于综合性社会契约的理解[J].中国工业经济,2003(12):85-92.

[123] 齐宝鑫,武亚军.战略管理视角下利益相关者理论的回顾与发展前瞻[J].工业技术经济,2018,37(2):3-12.

[124] Michael C J. Value Maximization,Stakeholder Theory,and the Corporate Objective Function[J]. Business Ethics Quarterly,2002,12 (2):235-256.

[125] Timothy J R. Moving beyond Dyadic Ties:A Network Theory of Stakeholder Influences[J]. The Academy of Management Review, 1997,22(4):887-910.

[126] 杨瑞龙,周业安.论利益相关者合作逻辑下的企业共同治理机制[J].中国工业经济,1998(1):38-45.

[127] Ronald K M,Bradley R A,Donna J W. Toward a Theory of Stake-

holder Identification and Salience:Defining the Principle of Who and What Really Counts[J]. The Academy of Management Review, 1997,22(4):853-886.

[128] Charkham J. Corporate governance:lessons from abroad[J]. European Business Journal,1992,2(4):8-16.

[129] Frederick W C,Davis K,Post J E. Business and Society:Corporate Strategy,Public Policy,Ethics[M]. McGraw-Hill Book Co. ,1991.

[130] David W,Maria S A. Including the Stakeholders:The Business Case [J]. Long Range Planning,1998,31(2):201-210.

[131] 陈宏辉,贾生华.企业利益相关者三维分类的实证分析[J].经济研究, 2004(4):80-90.

[132] Epstein E M, Votaw D. Rationality, Legitimacy, Responsibility: Search for New Directions in Business and Society[M]. Santa Monica:Goodyear Publishing Co. ,1978.

[133] Patten D M. Exposure,Legitimacy and Social Disclosure[J]. Journal of Accounting and Public Policy,1991,10(4):297-308.

[134] Julia C,Monica G S. The use of corporate social disclosures in the management of reputation and legitimacy:a cross sectoral analysis of UK Top 100 Companies[J]. Business Ethics:A European Review, 1999,8(1):5-13.

[135] 吴新叶.网络监督下的公共压力:形成机制与利用策略[J].理论与改 革,2011(2):96-99.

[136] 吴伟荣,刘亚伟.公共压力与审计质量——基于会计师事务所规模视 角的研究[J].审计研究,2015(3):82-90.

[137] Jan B,Carlos L. Carbon Trading:Accounting and Reporting Issues [J]. European Accounting Review,2008,17(4):697-717.

[138] Lynne G Z. The Role of Institutionalization in Cultural Persistence [J]. American Sociological Review,1977,42(5):726-743.

[139] Paul J D,Walter W P. The Iron Cage Revisited:Institutional Isomorphism and Collective Rationality in Organizational Fields[J]. American Sociological Review,1983,48(2):147-160.

[140] Tolbert P S,Zucker L G. Institutional Sources of Change in the For-mal Structure of Organizations:The Diffusion of Civil Service Re-form,1880—1935[J]. Administrative science quarterly,1983,28(1):22-39.

[141] Miller J I,Guthrie D. Corporate Social Responsibility:Institutional Response to Labor,Legal and Shareholder Environments[J]. Acade-my of Management Proceedings,2007,1:1-5.

[142] Richard S W. Institutions and Organizations:Ideas,Interests and I-dentities[M]. SAGE Publications,2013.

[143] 李彬,谷慧敏,高伟. 制度压力如何影响企业社会责任:基于旅游企业的实证研究[J]. 南开管理评论,2011,14(6):67-75.

[144] 邓理峰,张宁. 媒体对企业声誉的议程设置效果:企业社会责任报道的研究[J]. 现代传播(中国传媒大学学报),2013,35(5):119-125.

[145] 徐建中,贯君,林艳. 制度压力、高管环保意识与企业绿色创新实践——基于新制度主义理论和高阶理论视角[J]. 管理评论,2017,29(9):72-83.

[146] 姚瑶,周密. 环境会计信息供求双方的博弈分析[J]. 上海立信会计学院学报,2006(4):8-12.

[147] 王建明,闫本宗,陈红喜. 基于社会责任的企业环境信息披露博弈分析[J]. 生态经济,2007(4):56-59.

[148] 贾敬全,卜华,姚圣. 基于演化博弈的环境信息披露监管研究[J]. 华东经济管理,2014,28(5):145-148.

[149] 杜建国,马浩文,金帅. 上市公司环境信息披露与公众投资者的演化博弈分析[J]. 工业技术经济,2017,36(1):152-160.

[150] 张凯泽,沈菊琴,徐沙沙,等. 环境信息披露中的政企演化博弈——媒体监督视角[J]. 北京理工大学学报(社会科学版),2019,21(3):11-18.

[151] 杜建国,张靖泉. 企业环境信息公开与政府监管策略的演化博弈分析[J]. 中国环境管理,2016,8(6):75-80.

[152] 程博,许宇鹏,李小亮. 公共压力、企业国际化与企业环境治理[J]. 统计研究,2018,35(9):54-66.

[153] Christopher T, Hutomo S, Monroe G. Voluntary environmental disclosure by Australian listed mineral mining companies: an application of stakeholder theory[J]. International Journal of Accounting and Business Society, 1997, 5(1): 76-81.

[154] Peter M C, Yue L, Gordon D R, et al. Revisiting the relation between environmental performance and environmental disclosure: An empirical analysis[J]. Accounting, Organizations and Society, 2007, 33(4): 303-327.

[155] 崔秀梅, 李心合, 唐勇军. 社会压力、碳信息披露透明度与权益资本成本[J]. 当代财经, 2016(11): 117-129.

[156] 邹欣. 议程设置的博弈——主流新闻媒体与大学生舆论引导研究[M]. 中国传媒大学出版社, 2016.

[157] Sidney J G, Hazel M V. The Impact of Culture on Accounting Disclosures: Some International Evidence[J]. Asia-Pacific Journal of Accounting, 2012, 2(1): 33-43.

[158] 陶莹, 董大勇. 媒体关注与企业社会责任信息披露关系研究[J]. 证券市场导报, 2013(11): 20-26.

[159] 杨广青, 杜亚飞, 刘韵哲. 企业经营绩效、媒体关注与环境信息披露[J]. 经济管理, 2020, 42(3): 55-72.

[160] Karen S, Kenneth W S, William W J. Information Advantages of Large Institutional Owners[J]. Strategic Management Journal, 2008, 29(2): 219-227.

[161] Henry L P, Harrie V. Morals or Economics? Institutional Investor Preferences for Corporate Social Responsibility[J]. Journal of Business Ethics, 2009, 90(1): 1-14.

[162] Bernadette M R, Krishnamurty M, Robert M B, et al. An Empirical Investigation of the Relationship Between Change in Corporate Social Performance and Financial Performance: A Stakeholder Theory Perspective[J]. Journal of Business Ethics, 2001, 32(2): 143-156.

[163] Donald O N, Shaker A Z. Institutional Ownership and Corporate Social Performance: The Moderating Effects of Investment Horizon,

Activism, and Coordination[J]. Journal of Management, 2006, 32 (1):108-131.

[164] 黄珺, 周春娜. 股权结构、管理层行为对环境信息披露影响的实证研究——来自沪市重污染行业的经验证据[J]. 中国软科学, 2012(1): 133-143.

[165] 周黎安. 中国地方官员的晋升锦标赛模式研究[J]. 经济研究, 2007 (7):36-50.

[166] 曹春方. 政治权力转移与公司投资:中国的逻辑[J]. 管理世界, 2013 (1):143-157.

[167] 成志策, 廖佳, 张横峰. 地方官员更替与上市公司社会责任履行——来自中国上市公司的经验证据[J]. 会计论坛, 2017, 16(2):122-145.

[168] 周楷唐, 姜舒舒, 麻志明. 政治不确定性与管理层自愿业绩预测[J]. 会计研究, 2017(10):65-70.

[169] 于连超, 张卫国, 毕茜, 等. 环境政策不确定性与企业环境信息披露——来自地方环保官员变更的证据[J]. 上海财经大学学报, 2020, 22(2):35-50.

[170] 符少燕, 李慧云. 碳信息披露的价值效应:环境监管的调节作用[J]. 统计研究, 2018, 35(9):92-102.

[171] 胡珺, 汤泰劼, 宋献中. 企业环境治理的驱动机制研究:环保官员变更的视角[J]. 南开管理评论, 2019, 22(2):89-103.

[172] 钱先航, 曹廷求. 钱随官走:地方官员与地区间的资金流动[J]. 经济研究, 2017, 52(2):156-170.

[173] Haunschild P R, Miner A S. Modes of Interorganizational Imitation: The Effects of Outcome Salience and Uncertainty[J]. Administrative Science Quarterly, 1997, 42(3):472-500.

[174] Jane W L. Intra- and Inter-Organizational Imitative Behavior: Institutional Influences on Japanese Firms' Entry Mode Choice[J]. Journal of International Business Studies, 2002, 33(1):19-37.

[175] King B G, Whetten D A. Rethinking the Relationship Between Reputation and Legitimacy: A Social Actor Conceptualization[J]. Corporate Reputation Review, 2008(11):192-207.

[176] Walter A, Denis C, Michel M. Intra-industry imitation in corporate environmental reporting: An international perspective[J]. Journal of Accounting and Public Policy, 2006, 25(3): 299-331.

[177] 蒋尧明,郑莹. "羊群效应"影响下的上市公司社会责任信息披露同形性研究[J]. 当代财经, 2015(12): 109-117.

[178] 刘柏,卢家锐. "顺应潮流"还是"投机取巧": 企业社会责任的传染机制研究[J]. 南开管理评论, 2018, 21(4): 182-194.

[179] 曾江洪,于彩云,李佳威,等. 高科技企业研发投入同群效应研究——环境不确定性、知识产权保护的调节作用[J]. 科技进步与对策, 2020, 37(2): 98-105.

[180] March J G, Olsen J P. The Uncertainty of the Past: Organizational Learning under Ambiguity[J]. European Journal of Political Research, 1975, 3(2): 147-171.

[181] Marvin B L, Shigeru A. Why Do Firms Imitate Each Other? [J]. The Academy of Management Review, 2006, 31(2): 366-385.

[182] Han S. Mimetic Isomorphism and Its Effect on the Audit Services Market[J]. Social Forces, 1994, 73(2): 637-663.

[183] 傅超,杨曾,傅代国. "同伴效应"影响了企业的并购商誉吗? ——基于我国创业板高溢价并购的经验证据[J]. 中国软科学, 2015(11): 94-108.

[184] Binay K A, Anup A. Peer influence on payout policies[J]. Journal of Corporate Finance, 2018, 48: 615-637.

[185] Stephanie A F, Dan L. The Impact of Interorganizational Imitation on New Venture International Entry and Performance[J]. Entrepreneurship Theory and Practice, 2010, 34(1): 1-30.

[186] 赵颖. 中国上市公司高管薪酬的同群效应分析[J]. 中国工业经济, 2016(2): 114-129.

[187] 李慧云,符少燕,高鹏. 媒体关注、碳信息披露与企业价值[J]. 统计研究, 2016, 33(9): 63-69.

[188] 任力,洪喆. 环境信息披露对企业价值的影响研究[J]. 经济管理, 2017, 39(3): 34-47.

[189] Sibo L,Dejun W. Competing by conducting good deeds：The peer effect of corporate social responsibility[J]. Finance Research Letters,2016,16(6)：47-54.

[190] Cao J,Liang H,Zhan X T. Peer effect of corporate social responsibility[J]. Management Science,2019,12(65)：5487-5503.

[191] 冯玲,崔静.上市公司会计信息质量同群效应及其经济后果——基于社会网络互动模型的研究[J].当代财经,2019(11)：118-129.

[192] 冯戈坚,王建琼.企业创新活动的社会网络同群效应[J].管理学报,2019,16(12)：1809-1819.

[193] 王垒,曲晶,刘新民.异质机构投资者投资组合、环境信息披露与企业价值[J].管理科学,2019,32(4)：31-47.

[194] Creswell J W. Qualitative Inquiry and Research Design：Choosing Among Five Approaches[M]. SAGE Publications,2007.

[195] Eisenhardt K M. Building Theories from Case Study Research[J]. Academy of Management Review,1989,14(4)：532-550.

[196] Strauss A L. Qualitative Analysis for Social Scientists[M]. Cambridge University Press,1987.

[197] Anselm S,Juliet C. Basics of qualitative research：grounded theory procedures and techniques[M]. SAGE Publications,2008.